高等学校化妆品技术与工程专业教材
中国轻工业"十三五"规划教材

化妆品原料学

主　编　宋晓秋
副主编　叶　琳　肖　瀛

中国轻工业出版社

图书在版编目（CIP）数据

化妆品原料学/宋晓秋主编．—北京：中国轻工业
出版社，2024.7
　普通高等教育"十三五"规划教材
　ISBN 978 - 7 - 5184 - 1975 - 3

　Ⅰ．①化…　Ⅱ．①宋…　Ⅲ．①化妆品—原料—高等学
校—教材　Ⅳ．①TQ658

中国版本图书馆 CIP 数据核字（2018）第 105854 号

责任编辑：钟　雨
策划编辑：伊双双　　责任终审：劳国强　　封面设计：锋尚设计
版式设计：砚祥志远　　责任校对：吴大鹏　　责任监印：张　可

出版发行：中国轻工业出版社（北京鲁谷东街 5 号，邮编：100040）
印　　刷：三河市国英印务有限公司
经　　销：各地新华书店
版　　次：2024 年 7 月第 1 版第 7 次印刷
开　　本：787×1092　1/16　印张：11
字　　数：240 千字
书　　号：ISBN 978 - 7 - 5184 - 1975 - 3　　定价：28.00 元
邮购电话：010-85119873
发行电话：010-85119832　　　010-85119912
网　　址：http://www.chlip.com.cn
Email：club@chlip.com.cn

前　　言

中国化妆品行业经过了几十年的快速发展,已经取得了很大的成就。目前,国内化妆品生产企业已经达到 4000 余家,化妆品行业被誉为是朝阳产业,在人民的生活中起着重要作用。

随着科技进步和经济发展,今天的化妆品品种繁多,功能清晰,不仅包含简单的日常清洁用品,同时包含提升人体美丽程度的化妆用品。

化妆品原料是构成化妆品的基础单元,对产品的性能与品质有着极为重要的影响。《化妆品原料学》是化妆品相关专业的重要专业基础课之一,而目前国内尚无适合本科教学的相关教材。上海应用技术大学是国内最早开设化妆品相关本科专业的高校之一,化妆品原料学作为专业必修课开设已有十余年,为了适应上海市高校应用型人才培养模式改革,对接化妆品行业升级对高素质人才需求,在原使用十年自编讲义的基础上,参考了大量化妆品原料相关的文献与著作,并结合编者多年的教学实践与研究体会,编写成本教材,形成相对较为系统地化妆品原料学的体系,并顺应行业发展趋势补充了新原料知识与理念。

《化妆品原料学》编写过程力求突出系统性、实用性与新颖性。主要内容为化妆品原料的作用和作用原理等知识,主要包括油脂与蜡状原料、粉状和胶质原料;溶剂和表面活性剂;色素和防腐剂、抗氧化剂;保湿、防晒、抗皱及抗老化等原料;营养性原料和包装材料等相关化妆品原料知识。

本书由上海应用技术大学宋晓秋主编,叶琳与肖瀛副主编。宋晓秋主要负责第一、三、四、六、十一章节编写以及全书统稿,叶琳主要负责第五、七、九章节编写以及全书核对,肖瀛主要负责第二、十章节编写以及生物学与生理学相关内容核对。刘钦矿、曹龙迪、段玉萍、徐单单、付盼娟、于翠、黄云峰、李帅涛、孙月、张芊等同学给予许多帮助,我的同事给予了大力支持,在此一并表示感谢。在本书的写作过程中,编者对给予本书写作以启迪、参考、支撑的相关资料的作者,表示衷心的感谢。

由于本教材涉及化妆品原料种类繁多,加之该教材体系为初次建立,教材的编写在许多方面做了探索性的尝试,使用效果还有待在教学实践中检验。由于编者的水平和能力有限,书中难免有疏漏、不妥与错误之处,请读者与同行专家批评指正。

宋晓秋

2018 年 3 月

目　　录

第一章 绪 论

第一节 化妆品概述

一、化妆品的基本概念

化妆品是以化妆为目的的物品的总称。在希腊语中,"化妆"的词义是"装饰的技巧",意思是把人自身的优点加以发扬,而把缺陷加以弥补。

我国《化妆品卫生监督条例》中给化妆品下的定义:"化妆品是指以涂擦、喷洒或其他类似的方法,施于人体表面任何部位(皮肤、毛发、指甲、口唇等),以达到清洁、消除不良气味、护肤、美容和修饰目的的日用化学工业产品"。

根据 2007 年 8 月 27 日国家质检总局公布的《化妆品标识管理规定》,化妆品是指以涂抹、喷、洒或者其他类似方法,施于人体(皮肤、毛发、指趾甲、口唇齿等),以达到清洁、保养、美化、修饰和改变外观,或者修正人体气味,保持良好状态为目的的产品。

美国食品与药物管理局(FDA)对化妆品的定义:用涂擦、散布、喷洒或其他方法使用于人体的物品,能起到清洁、美化、增添魅力或改变外观的作用。

总之,化妆品是指施用于人体外部,以清洁、润泽发肤、刺激嗅觉、掩饰体臭或修饰容貌的物品。

二、化妆品的发展历史

"爱美之心人皆有之"。人类对美化自身的化妆品自古以来就有不断追求的动力。

早在原始社会,一些部落在进行祭祀活动时,把动物油脂涂抹在皮肤上,使自己的肤色看起来健康而有光泽,这可以称为是最早的护肤行为。由此可见,化妆品发展的历史几乎可以推算到早期人类社会。在公元前 5 世纪到公元 7 世纪,世界各国有许多关于制作和使用化妆品的传说和记载。如古埃及人用黏土卷曲头发;古埃及皇后用铜绿描画眼圈,用驴乳浴身;古希腊美人亚斯巴齐用鱼胶掩盖皱纹;我国古代女子也喜好用胭脂抹腮、用头油滋润头发以衬托容颜的美丽等。与此同时也出现了许多化妆用具。

到 20 世纪 70 年代,日本多家名牌化妆品企业被 18 位因使用其化妆品而罹患严重黑皮症的妇女联名控告,此事件既轰动了国际美容界,也促进了护肤品的重大革命。

早期护肤品类的化妆品起源于化学工业,那个时候从植物中提炼天然物质还很难,而石油化工合成工业很发达。所以很多护肤品、化妆品的原料来源于化学工业,截至目前仍然有很多国际国内的品牌产品在用那个时代的原料,主要是由于价格低廉、原料相对简单、成本低。

从 20 世纪 80 年代开始,皮肤专家逐步发现在护肤品中添加天然原料对肌肤有一定的滋润作用。当时恰逢大规模的天然萃取分离工业化技术已经成熟,可以满足市场上护肤品中天然成分的使用需求,极大地调动了人们寻找天然原料的积极性。从陆地到海洋,从植物到动物,各种天然成分应有尽有,有些人甚至到人迹罕至的地方(如危险的热带雨林)试图寻找到特殊的原料希望创造护肤的奇迹。当然此时所谓的天然原料有很多是噱头,化妆品中大部分的原料还是沿用矿物油时代的成分,只是偶尔添加些天然成分罢了。因为在当时技术条件的限制下,化妆品中各成分的混合、防腐等技术方面仍然有很多问题很难攻克。但这时候有的公司已经能完全抛弃原来的工业流水线而生产纯天然的化妆品,并逐步形成少量顶级的化妆品品牌。

21 世纪初期,为了满足更多特殊肌肤人群的需求,号称"零负担"的化妆产品开始在欧美和中国台湾流行。"减少没必要的化学成分,增加纯净护肤成分"为主题,给过于频繁使用化妆品的女性朋友带来了全新的变革。之前,人们过于追求植物、天然的护肤产品,致使其中添加剂使用得越来越多,导致很多护肤产品标写天然成分,但是实际上很难保证其组分全部为天然原料,给肌肤造成了不必要的损伤,甚至过敏。这给护肤品行业敲响了警钟,人们追寻"零负担"即将成为现阶段护肤发展史中最实质性的变革。"零负担"产品的主要特点在于产品中减少了无用成分,护肤成分多为具有活性的天然化妆品原料。如玻尿酸、胶原蛋白等均为活性成分,肌肤吸收率较高,产品性能温和,较少出现过敏等现象。

随着人体 20000 ~ 25000 个基因的破译,皮肤和衰老有关的基因也会逐步被破解,以抗衰老基因为概念的技术会应用到化妆品中。目前基因时代才刚刚开始,但是潜藏在大企业之间的并购已经暗流涌动,许多药厂介入其中,罗氏大药厂斥资 468 亿美金收购基因科技,葛兰素史克用 7.2 亿美元收购 sirtris 的一个抗老基因技术。还有很多企业开始了基因的宣传,当然也有企业已经进入产品化。因为是全新的技术,必须有严格的临床和实证及严格检测,基因技术在世界各地都是受到严格控制的。未来的趋势很可能会在每个人体检时进行基因图谱扫描,研发者根据消费者基因图谱的变化验证产品的功效,这可能是化妆品技术未来的发展趋势之一。

第二节　化妆品的作用

化妆品的作用主要是清洁、保护、营养、美化以及防治作用。

一、清洁作用

清洁作用是指祛除皮肤、毛发、口腔和牙齿表面的脏物以及人体分泌与代谢过程中产生的污物等;具有清洁作用的化妆品有清洁霜、清洁乳液、净面面膜、磨砂膏、清洁用化妆水、泡沫浴盐、洗发乳、牙膏等。

二、保护作用

保护作用是指保护皮肤及毛发等处,并使其滋润、柔软、光滑、富有弹性,以抵御风寒、烈日、紫外线辐射等的损害,增加人体分泌机能,防止皮肤破裂、毛发枯、断等;具有保护作用的化妆品有雪花膏、冷霜、乳液、润肤霜、防晒霜、防裂油膏、润发乳、洗发乳、护发素等。

三、营养作用

营养作用是指补充皮肤及毛发的营养,增加组织活力,保持皮肤角质层的含水量,减少皮肤细小皱纹,减缓皮肤衰老及促进毛发的生理机能,防止脱发等。具有营养作用的化妆品有人参霜、蜂王浆霜、维生素霜、珍珠霜及其他各种营养霜,还有营养面膜、发蜡等。

四、美化作用

美化作用是指美化面部及毛发,使之增加魅力或散发香气。具有美化作用的化妆品有粉底霜、粉饼、香粉、唇膏、发胶、摩丝、染发剂、卷发剂、眉笔、睫毛膏、眼影膏、香水、指甲油等。

五、防治作用

防治作用是指预防或治疗皮肤、毛发、口腔和牙齿等部位的影响外表或功能的生理、病理现象。如雀斑霜、粉刺霜、抑汗剂、祛臭剂、生发水、药性发乳、痱子水、药物牙膏等。

第三节 化妆品的分类

一、按化妆品的外部基本形态分类

化妆品按照外部基本形态可细分为以下几类。
(1)乳剂类 清洁膏、雪花膏、冷霜、润肤器、营养霜、清洁乳液、按摩乳等。
(2)油剂类 防晒油、浴油、按摩油、发油等。
(3)水剂类 香水、古龙水、花露水、化妆水、冷烫水等。
(4)粉状类 香粉、爽身粉、痱子粉等。
(5)块状类 粉饼、胭脂等。
(6)凝胶状类 面膜、染发胶、抗水性保护膜等。
(7)膏状类 洗发膏、睫毛膏、剃须膏等。
(8)气溶胶类 喷发胶、摩丝等。
(9)笔状类 唇线笔、眉笔等。
(10)锭状类 唇膏、眼影膏等。
(11)悬浮状类 香粉蜜等。
(12)表面活性剂溶液类产品 洗发乳、沐浴乳等。

二、按使用部位分类

化妆品按照在人体的使用部位细分为以下四类。
(1)皮肤用化妆品 包括化妆水类、乳液类、膏霜类等。
(2)毛发用化妆品 包括洗发乳、漂洗剂、营养发水、整发用品、烫发剂、剃须膏等。
(3)口腔用化妆品 包括牙膏、漱口水、口腔清爽剂等。

（4）指甲用化妆品　　包括指甲油、指甲膏、指甲白、指甲营养剂、指甲油去除剂等。

三、按化妆品的用途分类

化妆品按照用途可细分为以下四类。

（1）清洁用途化妆品　　与上述具有清洁作用的化妆品相同。

（2）一般用途化妆品　　主要指皮肤、毛发护理和美容化妆品等。

（3）特殊用途化妆品　　该类化妆品是介于化妆品和药品之间,具有某种特殊化妆用途的化妆品,如防晒、美白、祛汗、除臭等用途的化妆品。

（4）药效化妆品　　指具有某种治疗功效的化妆品,如祛斑、祛痘、生发、防裂、去头屑等用途的化妆品。

第四节　化妆品的原料

化妆品是一种由各类物料经过一定工艺合理调配而成的混合物。化妆品原料、配制技术及生产设备等对化妆品的各种功能和质量起到相当重要的作用。其中,化妆品原料起主要作用。

化妆品原料组成种类广泛。凡是对人体皮肤、毛发有清洁、保护、美化功效作用的物质均可以成为化妆品原料。近年来,天然动物、植物原料逐步替代合成原料成为化妆品中使用原料的首选。同时,如何运用生物原料正成为化妆品中新的研发热点。

根据化妆品原料在化妆品中起到的作用,化妆品原料可以分为基质原料和辅助原料两大类。基质原料是化妆品的主体,它体现了化妆品的性质和剂型,而辅助原料则起到赋予化妆品的功能、成型、色、香等作用。一般而言,辅助原料在化妆品中的使用量比较少,却是化妆品中不可缺少的原料。所以,也有人称其为功效性化妆品原料。

一般而言,可以作为化妆品原料的物质必须具备以下四个基本条件:

（1）无色无味,有较好的稳定性;

（2）对皮肤无毒性、无刺激性,安全性高;

（3）使用后不影响皮肤的生理作用;

（4）对损容性皮肤问题能起到改善作用。

第二章　油脂与蜡类原料

第一节　油脂与蜡类原料概述

现在,作为化妆品原料使用的物质的总数大概在 2500 种以上。其中,油脂、蜡及其衍生物占的比例是非常高的,它们作为化妆品的主要原料或辅助原料在所有的化妆品中占相当多的数量。

化妆品用油脂原料:作为化妆品中能使用的油脂原料,除来自天然资源的油脂、精制蜡类能直接使用外,其他大都经水解、氢化、还原醇解等工序之后,通过分馏、溶剂提取、冷榨后再制成各种衍生物使用。另外,最近常见的还有来自石油精细化学的合成品。

油脂是油和脂肪的简称,油脂的主要成分都是三分子脂肪酸与一分子甘油的化合物,称为甘油酯。各种不同脂肪酸和甘油相结合,就成为各种不同性质的油脂,从动植物中取得的天然油脂,实质上并没有根本的区别。通常在常温下为液体的称作油,为固体的称作脂。

油脂是从存在于自然界中的动、植物体中得到的,如下所示,各种油脂是按各种比例混合脂肪酸基的甘油酯,这些脂肪酸组成的混合比受油脂来源及产地的影响。油脂来源相同时,其混合比在某一范围内,大致是一定的,如此结合的脂肪酸,其物理的或化学的性质具有特定的数值。

油性原料(油、脂、蜡)是油性物质的总称,是组成护肤化妆品、唇膏、毛发用护理品的基质原料,在化妆品中主要起护肤、柔滑、滋润、固化赋体等作用。

第二节　油脂与蜡类原料的特性

一、油脂原料的特性评价

油脂原料品质特性可由其碘值、酸值、皂化值与不皂化物、相对密度、熔点和凝固点、黏度、油性等特征指标来评估。

1. 碘值(iodine value)

油脂的碘值是指每 100g 油脂能吸收碘的质量。油脂的碘值表明油脂的不饱和程度,碘值越高,不饱和程度越大。可以依据碘值的大小对油脂进行分类:碘值 < 100 的油脂,称为不干油脂;碘值在 100 ~ 130 的油脂,称为半干油脂;碘值 > 130 的油脂称为干性油脂。碘值可以用来确定油脂或脂肪酸混合物的定量组成。碘值高的油脂,含有较多的不饱和键,在空气中易被氧化,发生酸败。在手工皂中,碘值影响成皂硬度,碘值越高,成皂硬度越大。

2. 酸值(acid value)

油脂的酸值定义为中和 1g 油脂中的游离脂肪酸所需要的氢氧化钾的质量(mg)。油脂的酸值代表了油脂中游离脂肪酸的含量。油脂存放时间较久后，就会水解产生部分游离脂肪酸，因此，酸值标志着油脂的新鲜程度。酸值越高表示油脂腐败越厉害，越不新鲜，质量越差。

3. 皂化值和不皂化物（saponification value and nonsaponifiable matter）

皂化值是指皂化 1g 油脂所需要的氢氧化钾的质量。皂化值表明脂肪中脂肪含量的多少，依据皂化值可以算出油脂的平均相对分子质量。一般油脂的皂化值在 180～200，甘油含量在 10% 左右。

不皂化物是油脂皂化过程中，油脂成分中不能与苛性碱起作用的物质，一般不溶于水、与碱反应不活泼的物质，它们大多数是高分子的酸类、蜡、甾醇、碳水化合物、色素等。

4. 熔点和凝固点（melting point and solidification point）

脂肪酸的熔点随其不饱和度的增加而降低。因此油脂中含饱和脂肪酸多的，或者脂肪酸相对分子质量大的，熔点和凝固点就高。熔点不仅赋予产品以稠度，还影响使用时的延展性和皮肤感觉。油脂的相对密度与相对分子质量和黏度成正比，与油脂的温度成反比。

5. 黏度（viscosity）

通常，油脂的黏度随其不饱和度的增加略有减少，随氢化度的增加稍有增加。黏度特别大的代表性油脂是蓖麻油。黏度与油性有关，它是影响化妆品质量的重要因素，关系到"延展性"和"黏性"等与化妆品感官质量及商品价值有密切关系的特性。延展性就是一定量物质所能展开的面积。

6. 油性（oiliness）

油性是油脂最值得注意的特性之一，即形成润滑薄膜的能力。

二、油脂的变质机制及品质评价

1. 变质机制

（1）氧化作用　油脂氧化是油脂原料变质的主要原因之一。油脂氧化产物可分解为小分子醛、酮、醇、酸等物质，产生令人不愉快的气味（哈喇味）与苦涩味；油脂氧化产生的小分子化合物还可发生聚合反应如三戊基三噁烷等具有强烈臭味的产物；严重的氧化可导致油脂颜色变深，黏度变大，并可产生一些有毒的化合物，这些现象统称为油脂的酸败。

油脂氧化的初级产物是氢过氧化物，氢过氧化物的形成途径有自动氧化、光氧化和酶促氧化三种氧化形式。油脂的自动氧化过程比较复杂，是活化的不饱和脂肪与基态氧发生的自由基反应，包括链引发、链增殖与链终止 3 个阶段。光氧化主要是在光敏剂催化下，受到光照后基态氧将转变为激发态氧从而使油脂双键氧化。酶促氧化一般是在脂肪氧合酶的作用下促使油脂氧化。

影响油脂氧化的因素主要包括油脂的脂肪酸组成（不饱和度）、氧、温度、水分、表面积、助氧化剂（金属离子）、光、射线与抗氧化剂等。因此，为了防止油脂氧化，油脂贮藏要避光。另外，包装采用真空或充氮气，避免使用金属容器，控制环境温度与湿度，添加适量的抗氧化剂均可延缓油脂氧化。

（2）微生物作用　油脂在微生物脂肪酶作用下可将油脂水解形成游离脂肪酸与甘

油,产生酸败,形成刺激性的"哈喇"气味。微生物中能分解油脂的主要是霉菌,常见霉菌有黄曲霉、黑曲霉、烟曲霉、灰绿青霉、脂解毛霉、白地霉等。具有分解脂肪作用的细菌并不多,主要有假单胞菌属、黄杆菌属、无色杆菌属、产碱杆菌属、小球杆菌属、葡萄球菌属与芽孢杆菌属等。能分解油脂的酵母较少,常见的有解脂假丝酵母。

2.油脂变质品质测定

（1）过氧化值（POV）　油脂过氧化值是指 1kg 油脂中所含有的氢过氧化物的毫摩尔数。氢过氧化物是油脂氧化的主要初级产物。在油脂氧化初期,POV 随氧化程度加深而增高,而当油脂深度氧化时,氢过氧化物的分解速度超过了氢过氧化物的生成速度,此时 POV 会降低,所以 POV 可用于衡量油脂氧化的初期的氧化程度。

过氧化值常用碘当量法测定,生成的碘再用硫代硫酸钠溶液滴定,即可定量氢过氧化物的含量。具体流程参照《食用植物油卫生标准的分析方法》（GB/T5009.37—2003）。

反应过程为：
$$ROOH + 2KI \rightarrow ROH + I_2 + K_2O$$
$$I_2 + 2NaS_2O_3 \rightarrow 2NaI + Na_2S_4O_6$$

结果计算：

$$过氧化值\% = \frac{(V_1 - V_2) \times M \times 0.1296}{W} \times 100$$

式中　V_1——样品滴定时消耗硫代硫酸钠标准溶液的体积,mL；

　　　　V_2——空白滴定时消耗硫代硫酸钠标准溶液的体积,mL；

　　　　M——硫代硫酸钠标准溶液的摩尔浓度,mol/L；

　　　　W——抽样的质量,g；

　0.1296——1mol 硫代硫酸钠 1mL 相当于碘的克数。

例如,油脂过氧化值的测定。

①称取油样 2.0g 置于干燥的碘量瓶中。

②加入冰醋酸—氯仿混合液 30mL,碘化钾饱和液 1mL,摇匀。

③1min 后,加蒸馏水 50mL,淀粉指示剂 1mL,用 0.01mol/L 硫代硫酸钠标准溶液滴定至蓝色消失。在相同条件下做一空白试验。

（2）酸值（AV）　酸值是指中和1g 油脂中游离脂肪酸所需的氢氧化钾的毫克数。该指标可衡量油脂中游离脂肪酸的含量,也反映了油脂品质的好坏。

酸值的测定原理为用中性乙醚和乙醇的混合溶剂溶解油脂试样后,再用氢氧化钾标准溶液滴定油脂中的游离脂肪酸,根据消耗氢氧化钾标准溶液的物质的量和油脂的质量,计算出酸值的大小。

反应过程为：
$$RCOOH + KOH \rightarrow RCOOK + H_2O$$

结果计算：
$$AV = V \cdot C / m$$

式中　V——滴定试样所消耗的氢氧化钾标准溶液的体积,mL；

　　　C——氢氧化钾标准溶液的浓度,mol/L；

　　　m——试样的质量,g；

　　　AV——酸值,mg KOH/g。

两次测定的平均值作为测定结果,计算结果保留到小数点后一位。计算结果精密度的要求为:在重复条件下获得的两次结果的相对偏差不超过 10%。

例如,油脂酸值的测定。

①试样的准备。对于液态样品,充分混匀备用;对于固态样品,缓慢升温使其熔化成液态,充分混匀备用。

②称取试样。准确称取试样 3.00~5.00g 于 250mL 锥形瓶中。

③测定。加入 50mL 预先中和过的中性乙醚 95% 乙醇混合溶剂溶解试样,再加入 2~3 滴酚酞指示剂,然后用氢氧化钾标准溶液边摇动边滴定,至出现微红色且在 0.5min 内不褪色即为终点。平行测定 3 次。

④注意事项。当试样颜色较深时,终点判断困难,可试用下列方法调整:试用碱性蓝 6B 或百里酚酞(麝香草酚酞)作为指示剂;用酚酞试纸做外指示剂;减少试剂用量,或适当增加混合溶剂的用量。

⑤警告。乙醚极易燃,并能生成爆炸性过氧化物,使用时必须特别谨慎。

(3)碘值(IV)　脂肪中的不饱和脂肪酸碳链上有不饱和键,可以吸收卤素(Cl_2、Br_2 或 I_2),不饱和键数目越多,吸收的卤素也越多。在一定条件下,碘值(IV)是指 100g 油脂吸收碘的克数。碘值愈高,不饱和脂肪酸的含量愈高。因此对于一个油脂产品,其碘值是处在一定范围内的。

油脂工业中生产的油酸是橡胶合成工业的原料,亚油酸是医药上治疗高血压药物的重要原材料,它们都是不饱和脂肪酸;而另一类产品如硬脂酸是饱和脂肪酸。如果产品中掺有一些其他脂肪酸杂质,其碘值会发生改变,因此碘值可被用来表示产品的纯度,同时还可以推算出油、脂的定量组成。在生产中常需测定碘值,如判断产品分离去杂(指不饱和脂肪酸杂质)的程度等。

碘值的测定原理:该值的测定利用了双键加成反应。碘值越高则表明油脂中双键(不饱和度)越高。碘值的测定先将碘转变为溴化碘再进行加成反应。过量的溴化碘在碘化钾作用下析出碘,再用硫代硫酸钠溶液滴定,即可求得碘值。

反应过程为:

$$IBr + KI \rightarrow KBr + I_2$$
$$I_2 + 2Na_2S_2O_3 \rightarrow 2NaI + Na_2S_4O_6$$

计算结果:

$$碘值 = \frac{(A - B)T \times 10}{C}$$

式中　A——滴定空白用去的硫代硫酸钠溶液平均体积,mL;

　　　B——为滴定样品用去的硫代硫酸钠溶液平均体积,mL;

　　　C——为样品质量,g;

　　　T——与 1mL 0.05mol/L 硫代硫酸钠溶液相当的碘的质量,g。

测定脂肪酸和其他脂类物质的碘值时,操作方法完全相同。

例如,油脂过氧化值的测定。

①用玻璃小管(0.5cm×2.5cm)准确称量 0.3~0.4g 花生油(或者约 0.1g 蓖麻油,约 0.5g 猪油)2 份。

②将样品和小管一起放入两个干燥的碘值测定瓶内,切勿使油黏在瓶颈或壁上。

③各加四氯化碳 10mL,轻轻摇动,使油全部溶解。

④用滴定管仔细地向每个碘值测定瓶内准确加入汉诺斯(Hanus)溶液25mL,勿使溶液接触瓶颈。

⑤塞好玻璃塞,在玻璃塞与瓶口之间加数滴10%碘化钾溶液封闭缝隙,以防止碘升华溢出造成测定误差。

⑥在20~30℃暗处放置30min。根据经验,测定碘值在110以下的油脂时放置30min,碘值高于此值则需放置1h;放置温度应保持20℃以上,若温度过低,放置时间应增至2h。放置期间应不时摇动。卤素的加成反应是可逆反应,只有在卤素绝对过量时,该反应才能进行完全。所以油吸收的碘量不应超过汉诺斯(Hanus)溶液所含碘量的一半。若瓶内混合液的颜色很浅,表示油用量过多,应再称取较少量的油,重做。

⑦放置30min后,立刻小心打开玻璃塞,使塞旁碘化钾溶液流入瓶内,切勿丢失。

⑧用新配制的10%碘化钾10mL和蒸馏水50mL把玻璃塞上和瓶颈上的液体冲入瓶内,混匀。

⑨用0.05mol/L硫代硫酸钠溶液迅速滴定至瓶内溶液呈浅黄色。

⑩加入1%淀粉约1mL,继续滴定。将近终点时,用力振荡,使碘由四氯化碳全部进入水溶液内。再滴至蓝色消失为止,即达到滴定终点。用力振荡是滴定成败的关键之一,否则容易滴定过量或不足。如果振荡不够,四氯化碳层呈现紫色或红色,此时需继续用力振荡使碘全部进入水层。

⑪滴定完毕放置一段时间后,滴定液应变回蓝色,否则就表示滴定过量。另作两份空白对照,除不加油样品外,其余操作同上。

⑫滴定后,将废液倒入废液瓶,以便回收四氯化碳。

⑬注意事项。实验中使用的仪器,包括碘值测定瓶、量筒、滴定管和称样品用的玻璃小管,都必须是洁净、干燥的。

(4)皂化价(值) 脂肪的碱水解称皂化作用。皂化1g脂肪所需氢氧化钾的毫克数,称为皂化价(值)。脂肪的皂化价和其相对分子质量成反比(也与其所含脂酸相对分子质量成反比),由皂化价的数值可知混合脂肪(或脂酸)的平均相对分子质量。皂化价高的油脂碳链较短、熔点较低。

测定皂化价是利用酸碱中和法,将油脂在加热条件下与一定量过量的氢氧化钾乙醇溶液进行皂化反应。剩余的氢氧化钾以酸标准溶液进行反滴定。并同时做空白试验,求得皂化油脂耗用的氢氧化钾量。

反应过程为:

$$(RCOO)_3C_3H_5 + 3KOH \rightarrow 3RCOOK + C_3H_5(OH)_3$$

$$RCOOH + KOH \rightarrow RCOOK + H_2O$$

$$KOH + HCl \rightarrow KCl + H_2O$$

结果计算:

$$皂化值(mgKOH/g) = (V_1 - V_2) \times C \times 56.11/m$$

式中 C——盐酸标准液的实际浓度,mol/L;

V_1——空白试验消耗盐酸标准液的体积,mL;

V_2——试样消耗盐酸标准溶液的体积,mL;

m——样品质量,g;

56.11——氢氧化钾的摩尔质量。

例如,油脂皂化值的测定。

①称取已除去水分和机械杂质的油脂样品 3~5g 置于 250mL 锥形瓶中。

②准确放入 50mL 氢氧化钾乙醇标准溶液,接上回流冷凝管,置于沸水浴中加热回流 0.5h 以上,使其充分皂化。

③停止加热,稍冷,加入酚酞指示剂 5~10 滴,然后用盐酸标准溶液滴定至红色消失为止。同时吸取 50mL 氢氧化钾乙醇标准溶液按同法做空白试验。

④注意事项。皂化时要防止乙醇从冷凝管口挥发,同时要注意滴定液的体积,酸标准溶液用量大于 15mL,要适当补加中性乙醇,加入量参照酸值测定。如果滴定所需 0.05mol/L 氢氧化钾溶液体积超过 10mL 时,可用浓度 0.1mol/L 氢氧化钾标准溶液或者 0.5mol/L 氢氧化钾 95% 乙醇标准溶液替换。

(5)硫代巴比妥酸(TBA)实验法 此法是验证油脂是否已开始酸败及酸败程度的方法之一,方法简单灵敏。不饱和的脂肪酸的氧化物醛类,可与硫代巴比妥酸生成有色化合物,如丙二醛与 TBA 生成的有色物在 530nm 处有最大吸收。

此方法的不足是并非所有脂类氧化体系都有丙二醛产生,且易受干扰。故此法较适用于测定单一物质在不同氧化阶段的氧化程度。

(6)羰值测定 利用油脂中的羰基化合物与 2,4 - 二硝基苯肼反应生成 2,4 - 二硝基苯腙。2,4 - 二硝基苯腙在碱性条件下生成葡萄酒红色的醌,此物质在 380~420nm 处具有吸光特性,可利用比色法进行定量分析。

3. 油脂氧化稳定性的测定方法

活性氧法(AOM):活性氧法是在 97.8℃下,连续通入流速为 2.33mL/s 的空气,测定 POV 达到 100mmol/kg(植物性)或 20mmol/kg(动物性)所需要的时间。但需要注意的是,这个时间与油脂的实际贮藏期并不完全对应。

第三节 常见油脂与蜡类

一、植物油脂原料

植物油中常用的有椰子油、橄榄油、蓖麻油、可可脂、玉米胚芽油、花生油、杏仁油、茶油、鳄梨油、霍霍巴油、木蜡、棕榈蜡、棕榈油、月见草油、米糠油、茶籽油。

1. 椰子油(coconut oil)

(1)性质 化学组成为脂肪酸三甘油酯,其脂肪酸组分:月桂酸 45%~51%,豆蔻酸 11%~18%,棕榈酸 7%~10%。常温下为白色或淡黄色半固体脂肪,具有椰子香味。不溶于水,溶于乙醚、氯仿、乙醇。

(2)理化常数 密度 0.914~0.938g/cm³,凝固点 21~25℃,皂化值 246~264mg KOH/g,酸值≤1mg KOH/g,碘值 7~10g/100g,折射率 1.448~1.450。

(3)用途 皂化后用于制造肥皂、洗发乳、浴剂及各种液体肥皂的发泡剂。

2. 橄榄油(olive oil)

(1)性质 化学组成为脂肪酸三甘油酯,其脂肪酸组分:棕榈酸 9.2%,油酸 83.1%,

亚油酸3.9%。常温下为淡黄色或黄绿色油状液体,有轻微的香味。不溶于水,溶于乙醚、氯仿和二硫化碳。

（2）理化常数　密度$0.910 \sim 0.918g/cm^3$,凝固点$-6℃$,皂化值$188 \sim 196mgKOH/g$,酸值$\leqslant 5mg\ KOH/g$,碘值$80 \sim 85g/100g$,折射率$1.4624 \sim 1.4650$。

（3）用途　主要用作乳剂类护肤化妆品的原料,制造香皂、脂肪酸、膏霜等,另外还用于防晒油、按摩膏等化妆品,也是发油和唇膏等的基质原料。

3. 蓖麻油（castor oil）

又称　蓖麻籽油。

（1）性质　化学组成为脂肪酸三甘油酯,其脂肪酸组分:棕榈酸2%,油酸7%,亚油酸3%,蓖麻酸87%。常温下为淡黄色黏稠透明油状液体,具有特殊的臭味。不溶于水,溶于乙醚、氯仿和二硫化碳。

（2）理化常数　密度$0.950 \sim 0.974g/cm^3$,凝固点$10 \sim 18℃$,皂化值$176 \sim 186mgKOH/g$,酸值$\leqslant 3 \sim 5mg\ KOH/g$,碘值$80 \sim 91g/100g$,折射率$1.473 \sim 1.477$。

（3）用途　蓖麻油相对密度大、黏度高、凝固点低,其黏性和软硬度受温度影响小,适宜用作化妆品原料,化妆品级的蓖麻油可作为唇膏的主要基质,可使其外观更鲜艳,黏性与润滑性好。还可以用于膏霜、乳液及护发类化妆品中。

4. 可可脂（cacao butter）

又称　可可油。

（1）性质　化学组成为脂肪酸三甘油酯,其脂肪酸组分:棕榈酸24.4%,油酸38.1%,亚油酸2.1%,硬脂酸35.4%。可可脂为白色或淡黄色固态脂,具有可可的芬芳。微溶于乙醇,溶于乙醚、氯仿和石油醚。

（2）理化常数　密度$0.90 \sim 0.945g/cm^3$,熔点$32 \sim 36℃$,皂化值$188 \sim 202mg\ KOH/g$,酸值$\leqslant 4mg\ KOH/g$,碘值$35 \sim 40g/100g$,折射率$1.473 \sim 1.477$。

（3）用途　可可脂在化妆品中可用作口红及其他霜油基原料。

5. 棕榈油（palm oil）

（1）性质　化学组成为脂肪酸三甘油酯,其脂肪酸组分:棕榈酸48%,油酸38%,亚油酸9%,硬脂酸4%。棕榈油为深橙红色半固体或软油。不溶于水,溶于醇、醚、氯仿和二硫化碳。

（2）理化常数　密度$0.921 \sim 0.925g/cm^3$,凝固点$40 \sim 47℃$,皂化值$196 \sim 207mg\ KOH/g$,酸值$\leqslant 1.5mg\ KOH/g$,碘值$44 \sim 54g/100g$,折射率$1.473 \sim 1.477$。

（3）用途　棕榈酸用于制造肥皂、脂肪酸、硬化油,经脱色后可用于制造香皂。

6. 玉米胚芽油（corn plumule oil）

（1）性质　化学组成为脂肪酸三甘油酯,其脂肪酸组分:棕榈酸8% ～ 12%,油酸19% ～29%,亚油酸39% ～62%,硬脂酸2% ～5%。常温下呈黄色透明油状液体,无味。不溶于水,溶于乙醚、氯仿。

（2）理化常数　密度$0.915 \sim 0.920g/cm^3$,凝固点$14 \sim 20℃$,皂化值$187 \sim 203mg\ KOH/g$,酸值$\leqslant 2mg\ KOH/g$,碘值$103 \sim 128g/100g$,折射率$1.474 \sim 1.484$。

（3）用途　玉米胚芽油含有人体必需的天然脂肪酸及维生素 E 等天然抗衰剂,可作为油性原料应用于护肤、护发等多种化妆品中,使头发、皮肤润泽,延缓衰老。

7. 鳄梨油(avocado oil)

(1)性质 化学组成为脂肪酸三甘油酯,其脂肪酸组分:棕榈酸24.1%,油酸59.8%,亚油酸5.8%,硬脂酸0.6%,肉豆蔻酸2.0%。外观有荧光,光反射呈深红色,光透射呈强绿色,有轻微的榛子味。

(2)理化常数 密度0.9121~0.9230g/cm³,凝固点14~20℃,皂化值185~192mg KOH/g,酸值≤2.6~2.8mg KOH/g,碘值28~94g/100g,折射率1.4200~1.4610。

(3)用途 鳄梨油对皮肤无毒、无刺激,对眼睛无害,但颜色太深,不能直接用于化妆品,需要脱色。由于鳄梨油含有维生素、甾醇、卵磷脂等有效成分,性质温和,具有较好的润滑性、乳化性,故可作为乳液、膏霜、洗发乳及香皂的原料。

8. 杏仁油(almond oil)

又称 巴旦杏仁油,扁桃仁油。

(1)性质 化学组成为脂肪酸三甘油酯,其脂肪酸组分:棕榈酸和硬脂酸2% ~7.8%,24.1%,油酸60% ~79%,亚油酸18% ~32%,肉豆蔻酸2.0%。浅黄色或无色透明油状液体,无臭。不溶于水,微溶于乙醇,易溶于醚、氯仿、苯或石油醚。

(2)理化常数 密度0.915~0.920g/cm³,凝固点-20℃,皂化值188~197mg KOH/g,酸值≤2mg KOH/g,碘值93~106g/100g,折射率1.4624~1.4650。

(3)用途 杏仁油是天然抗氧化剂,有润滑、营养作用,用于按摩油、发油、膏霜类化妆品中。

9. 茶籽油(teaseed oil)

又称 茶油。

(1)性质 化学组成为脂肪酸三甘油酯,其脂肪酸组分:棕榈酸7.5%,油酸84%,亚油酸7.5%。金黄色透明油状液体,不溶于水,易溶于醚、氯仿和二硫化碳。

(2)理化常数 密度0.912~0.917g/cm³,凝固点22℃,皂化值188~196mg KOH/g,酸值≤4mg KOH/g,碘值83~90g/100g。

(3)用途 茶籽油含有一定的氨基酸、维生素和杀菌、解毒功能,利于皮肤吸收,可用作香脂、中性膏霜、乳液中的油性原料。

10. 花生油(peanut oil)

(1)性质 化学组成为脂肪酸三甘油酯,其脂肪酸组分:棕榈酸6%,油酸61%,亚油酸22%,硬脂酸5%,山嵛酸3%。浅黄棕色透明油状液体,具有特殊的香味。不溶于水,易溶于醚、氯仿和二硫化碳。

(2)理化常数 密度0.916~0.918g/cm³,凝固点26~32℃,皂化值186~195mg KOH/g,酸值≤4mg KOH/g,碘值84~100g/100g,折射率1.467~1.470。

(3)用途 花生油可应用于化妆品的膏霜等乳化制品及发用化妆品中,还用于制造香皂、肥皂、脂肪酸、硬化油、甘油等。

11. 霍霍巴油(jojoba oil)

(1)性质 经压榨、萃取得到的霍霍巴油为无色、无味透明的油状液体。

(2)理化常数 相对密度0.865~0.869g/cm³,不皂化物48% ~51%,皂化值90.1~

101.3mg KOH/g,酸值0.1~5.2mg KOH/g,碘值81.8~85.7g/100g,折射率1.4578~1.4658。

（3）用途　取代鲸蜡油应用于化妆品。

12.月见草油（evening primrose oil）

（1）性质　化学组成为脂肪酸三甘油酯,其脂肪酸组分:亚油酸74.1%,油酸7%~8%,软脂酸5%~9%,硬脂酸1.7%,二十碳烷酸0.3%,γ-亚麻酸9.2%,山嵛酸0.1%。淡黄色无味油状液体,不溶于水,易溶于醚、氯仿和二硫化碳。

（2）理化常数　密度0.921~0.928g/cm³,凝固点22℃,皂化值190~200mg KOH/g,酸值1.2~2.0mg KOH/g,碘值147~154g/100g,折射率1.476~1.477。

（3）用途　月见草油富含γ-亚麻酸,在人体内可有效降低低密度脂蛋白,达到明显减肥效果,可以用作减肥膏添加剂,还可用作高级化妆品原料。

13.小烛树蜡（candlelila wax）

又称　坎特利那蜡。

（1）性质　从小烛树茎中提取出的小烛树蜡是一种淡黄色半透明或不透明的固体,有光泽和芬芳气味。不溶于水,微溶于乙醇,溶于苯、丙酮和四氯化碳。

（2）理化常数　密度0.982~0.986g/cm³,熔点65~69℃,皂化值46~66mg KOH/g,酸值11~19mg KOH/g,不皂化物65%~67%,折射率1.4555。

（3）用途　小烛树蜡熔点比巴西棕榈蜡熔点低,可用于乳膏体的配方中,还可提高唇膏的光泽。

14.木蜡（japaness wax）

又称　日本蜡。

（1）性质　木蜡组成系甘油酯,为植物性脂肪或高级熔点脂肪,其脂肪酸成分:棕榈酸77%,硬脂酸5%,日本酸（C_{22}~C_{28}二元酸）6%,油酸12%,亚麻酸少许。略有酸涩气味,不溶于乙醇,可溶于乙醚、氯仿、苯和二硫化碳。

（2）理化常数　熔点48~56℃,皂化值210~235mg KOH/g,不皂化物3.6%,酸值≤3mg KOH/g,碘值5~18g/100g。

（3）用途　木蜡可用作化妆品中乳霜的原料。

15.巴西棕榈蜡（carnauba wax）

又称　加洛巴蜡,卡那巴蜡。

（1）性质　由巴西棕榈叶中得到的巴西棕榈蜡,为硬质无定形微黄至深褐绿色脆性块状物,有愉快的气味。不溶于水,可溶于热乙醇、热乙醚、热氯仿和四氯化碳。

（2）理化常数　密度0.995g/cm³,熔点84~86℃,折射率1.45,皂化值78~95mg KOH/g,不皂化物50%~55%,酸值2~7mg KOH/g,碘值7~14g/100g。

（3）用途　巴西棕榈蜡是天然蜡中熔点最高的一种,用于制备唇膏时,可以提高唇膏的熔点,以达到需要的硬度,同时使唇膏结构细腻而光亮。

16.米糠油（rice bran oil）

又称　糠油。

（1）性质　化学组成为脂肪酸三甘油酯,其脂肪酸组分:棕榈酸12%~18%,亚油酸29%~42%,油酸40~50%,硬脂酸2.5%。黄绿色油状液体,常温下分为上下两层,上层为透明油状液体,下层为浑浊液,加温至75℃变为透明。

(2)理化常数 密度 $0.918 \sim 0.928 g/cm^3$,凝固点 $24 \sim 28℃$,皂化值 $183 \sim 194 mg$ KOH/g,酸值 $2 \sim 4 mg KOH/g$,碘值 $91 \sim 110 g/100 g$。

(3)用途 米糠油中含有维生素 E、矿物质和蛋白酶,可以营养皮肤,使肌肤有弹性,防止皱纹的过早出现。同时米糠油对日光照射稳定性好,具有防晒作用。因此米糠油可与其他油脂及溶剂相混合,应用于膏霜、乳液及防晒类化妆品。

17. 大豆(卵)磷脂(soy lecithin)

又称 卵磷脂、脑磷脂、肌醇磷脂混合物。

(1)性质 淡黄色至褐色半透明的黏稠物质,略带豆腥味。不溶于水,溶于氯仿、乙醚和石油醚。

(2)理化常数 黄色至棕色蜡状物。在空气中或光照下色变深。溶于乙醇、乙醚、氯仿、石油醚,微溶于苯,不溶于丙酮、水和冷的动植物油。在水中可溶胀成胶体液。密度 $1.0305 g/cm^3$。碘值 $95 g/100 g$。皂化值 $196 mg KOH/g$。

(3)用途 大豆磷脂是天然乳化剂,可应用于化妆品。

二、动物油脂原料

动物油脂主要有猪脂、牛脂、马脂、羊毛脂、鹿脂、虫胶蜡、蜂蜡、鲸蜡、蛇油、水貂油。

1. 猪脂(lard)

又称 猪油。

(1)性质 化学组成为脂肪酸三甘油酯,其脂肪酸组分:油酸 42%,棕榈酸 24%,硬脂酸 18%,亚油酸 9%,豆蔻酸 3%,十六烯酸 3%。白色或淡黄色蜡状固体,不溶于水,溶于氯仿和二硫化碳。

(2)理化常数 密度 $0.934 \sim 0.938 g/cm^3$,凝固点 $36 \sim 42℃$,皂化值 $190 \sim 202 mg$ KOH/g,酸值 $\leqslant 4 mg KOH/g$,碘值 $46 \sim 90 g/100 g$。

(3)用途 食用级猪油质量最好,颜色洁白,有猪油特殊的香味,可作为高级白色香皂的原料。甲级工业猪油酸值略高,碘值和凝固点偏低,色泽微黄,可作为香料的原料。乙级工业猪油,呈黄色,酸值高,碘值和凝固点低,气味不纯,精炼后可在香皂中使用。

2. 牛脂(tallows)

(1)性质 化学组成为脂肪酸三甘油酯,其脂肪酸组分:油酸 42%,棕榈酸 24% ~ 37%,硬脂酸 14% ~ 29%,油酸 40% ~ 50%,亚油酸 1% ~ 5%。白色或淡黄色蜡状固体,具有牛脂的特殊气味。不溶于水,溶于氯仿、二硫化碳。

(2)理化常数 密度 $0.943 \sim 0.952 g/cm^3$,凝固点 $40 \sim 46℃$,皂化值 $193 \sim 202 mg KOH/g$,酸值 $\leqslant 10 mg KOH/g$,碘值 $35 \sim 48 g/100 g$。

(3)用途 牛脂用于制造香皂、洗衣皂、硬脂酸、硬脂酸盐,同时也是制备高级脂肪醇、脂肪胺等表面活性剂和润滑脂、织物柔软剂等的主要原料。

3. 马脂(horse fat)

又称 马膏。

（1）性质　化学组成为脂肪酸三甘油酯,其脂肪酸组分:十八烯酸 35.4%,十六烷酸 25%,十八三烯酸 17.7%,十六烯酸 8% ~ 10%,十八二烯酸 5.9%,十八烷酸 5%。白色膏状物,无味。

（2）理化常数　密度 0.912 ~ 0.918g/cm^3,凝固点 32℃,皂化值 195mg KOH/g,酸值 ≤1.0mg KOH/g,碘值 171g/100g,折射率 1.468。

（3）用途　马脂是一种天然药物脂,可用于各种肤用、发用化妆品中,使皮肤、头发滋润光滑,促进血液循环。

4. 羊毛脂(lanolin)

（1）性质　羊毛脂是由羊毛经过洗涤、回收而精制得到的一种副产物,由多种高级醇、脂肪酸、酯组成的混合物。羊毛脂中酯含量 94%,游离醇 4%,游离酸 1%,烃 1%。黄色黏性半固体油脂,不溶于水,难溶于冷醇,易溶于醚、苯、氯仿、丙酮和石油醚。

（2）理化常数　密度 0.9242g/cm^3,凝固点 38 ~ 42℃,皂化值 90 ~ 110mg KOH/g,酸值 ≤8mg KOH/g,碘值 18 ~ 36g/100g。

（3）用途　羊毛脂对头皮和头发提供很好的营养、柔软、保护,适用于护肤、护发、美容的洗发乳、润丝化妆品及医用软药膏中。还有良好的颜料分散性、粉体黏合性,可应用于口红、粉饼等压制品中。

5. 鹿脂(deer fat)

（1）性质　化学组成为脂肪酸三甘油酯,其脂肪酸组分:饱和脂肪酸 51.4%,不饱和脂肪酸 27.32%,多烯酸 18.6%。白色固体,无味。

（2）理化常数　密度 0.918g/cm^3,皂化值 212 ~ 215mg KOH/g,酸值 ≤1mg KOH/g,碘值 35 ~ 39g/100g,折射率 1.4618。

（3）用途　鹿脂可活血、溶解黑色素、消除斑点,作为应用于霜、膏等化妆品的油性原料,有祛皱、祛斑的效果。

6. 虫胶蜡(shellac wax)

又称　紫胶蜡,中国蜡,白蜡。

（1）性质　化学组成是 C_{26} 的脂肪酸和脂肪醇的酯,呈白色或淡黄色的晶体,质地坚硬且脆。不溶于水、乙醇、乙醚,易溶于苯。

（2）理化常数　密度 0.93 ~ 0.97g/cm^3,熔点 74 ~ 82℃。

（3）用途　用于制造眉笔等美容化妆品。

7. 蜂蜡(bees wax)

又称　白蜡,黄蜡。

（1）性质　软脂酸蜂脂 80%,蜡酸 15%,虫蜡素 4%,蜂醇 1%,天然蜂蜡是无定型的,颜色从深棕至浅黄色,有特殊的蜂蜜香气。微溶于冷乙醇,部分溶于冷苯和冷二硫化碳,完全溶于氯仿、醚及挥发油和不挥发油。

（2）理化常数　密度 0.958 ~ 0.970g/cm^3,熔点 62 ~ 64℃,皂化值 90 ~ 102mg KOH/g,酸值 18 ~ 24mg KOH/g,不皂化物 50% ~ 56%。

（3）用途　蜂蜡可应用于各种护肤的膏霜乳液、口红、眼影等美容化妆用品,还可用于蜡烛、医药的生产。

8. 鲸蜡(spermaceti wax)

又称　鲸脑油。

(1)性质　鲸蜡是一种混合物,其主要化学组成为鲸蜡醇十六酸酯,酯类95.4%,醇类2.6%,酸类1.2%。为白色无臭有光泽的固体蜡,不溶于水,溶于乙醚和二硫化碳。

(2)理化常数　密度0.940~0.946g/cm³,熔点45~49℃,皂化值116~125mg KOH/g,酸值≤0.5mg KOH/g,不皂化物45%~50%,碘值3.0mg KOH/g,折射率1.440。

(3)用途　鲸蜡主要应用于霜膏、冷霜的配方及蜡烛的生产。

9. 蛇油(snake oil)

又称　蟒油,蚺蛇膏。

(1)性质　化学组成主要是脂肪酸甘油酯。室温下为淡黄色油液,微有异味。

(2)理化常数　密度0.172g/cm³,皂化值184~188mg KOH/g,酸值≤1mg KOH/g,不皂化物1%~2%,碘值105~120mg KOH/g,折射率1.474。

(3)用途　蛇油具有解毒、护肤、祛皱裂的功效,是天然的药物油脂。用于配制皮肤护理品,可使皮肤平滑、凉爽,防止皱裂。

10. 水貂油(mink oil)

(1)性质　化学组成为十四烷酸4.8%,十六烷酸12.2%,十八烷酸9.1%,油酸37.1%,亚油酸12.3%,十六碳烯酸22.2%,辛三烯酸2.3%。呈淡黄色或无色油状液体,易于乳化,对热和氧稳定。

(2)理化常数　密度0.900~0.918g/cm³,凝固点12℃,皂化值200~210mg KOH/g,酸值≤1mg KOH/g,不皂化物45%~50%,碘值76~100mg KOH/g,折射率1.4760~1.4767。

(3)用途　水貂油可应用于膏霜、乳液等护肤用品中使皮肤感觉舒适、柔软、润滑而无油腻感。还能调节头发生长,使头发柔软、有光泽而富有弹性,也应用于发油、发水、唇膏、清洁霜、固发剂等化妆品中。

三、矿物油原料

矿物油主要有凡士林,液体石蜡,石蜡,地蜡,微晶蜡。

1. 凡士林(vaseline)

又称　软石蜡。

(1)性质　凡士林主要成分为C_{16}~C_{32}的高碳烷烃和高碳烯烃的混合物。为白色或淡黄色半固体,无气味,结晶细。化学性质稳定,不溶于水、乙醇、甘油,溶于氯仿、苯、石油醚和乙醚。

(2)理化常数　密度0.815~0.880g/cm³,熔点38~54℃。

(3)用途　应用于膏霜、唇膏、乳液制品及药用软膏的化妆品原料。

2. 液体石蜡(liquid paraffin)

又称　白油,石蜡油。

(1)性质　主要成分是C_{15}~C_{38}的石蜡烃与环烷烃的饱和烃组成,无色、无味、无臭的黏性液体,对光、热稳定,难溶于乙醇,除二硫化碳、乙醚、石油醚、氯仿、苯、酯外,可与许多油脂、蜡混合。

（2）理化常数 密度 $0.831 \sim 0.883 \mathrm{g/cm^3}$，不溶于水和乙醇，闪点 $>130℃$。

（3）用途 若液体石蜡黏度低，则洗净、润湿效果差，柔软效果好。反之，液体石蜡黏度高，则洗净、润湿效果强，柔软效果差。因此液体石蜡被广泛的应用于浴油、洗脸膏、冷霜、雪花膏、剃须膏、婴儿霜、发乳等化妆品中以及泻药、灌肠剂等医用产品中。

3. 石蜡（paraffin wax）

又称 固体石蜡，矿蜡。

（1）性质 固体石蜡是固态烷烃类混合物，主要由正烷烃组成，还有异构烷烃、环烷烃及少量芳香烃。碳原子数一般为 $22 \sim 36$，相对分子质量范围 $360 \sim 540$，沸点范围是 $300 \sim 550℃$。纯粹的石蜡为白色，无臭无味，有杂质的石蜡呈黄色。不溶于水，在醇、酮中溶解度低，易溶于石油醚、乙醚、苯、氯仿、四氯化碳、二硫化碳、各种矿物油和植物油中。

（2）理化常数 无色无味的蜡状固体，熔点在 $47 \sim 64℃$，密度约 $0.9 \mathrm{g/cm^3}$。它不溶于水，但可溶于醚、苯和某些酯中。

（3）用途 精白蜡应用于冷霜、胭脂、眉笔等化妆品中，黄石蜡主要应用于橡胶制品、火柴、蜡烛、纤维等工业原料中。

4. 地蜡（ozokerite）

又称 矿地蜡。

（1）性质 地蜡主要成分是高碳（C_{25} 以上）的直、支和环状高分量的烃类混合物。呈白色或微黄的蜡状固体，脆、硬且是无定形结晶，无色无味。不溶于水，溶于乙醚、氯仿、苯等。

（2）理化常数 密度 $0.90 \sim 0.95 \mathrm{g/cm^3}$，熔点 $67 \sim 80℃$，酸值 $\leqslant 0.28 \mathrm{mg\ KOH/g}$，碘值 $7 \mathrm{g/100g}$。

（3）用途 化妆品用的地蜡分为两个等级，一级品的熔点为 $74 \sim 78℃$，二级品的熔点为 $66 \sim 68℃$。一级品地蜡应用于乳液制品原料，二级品地蜡应用于唇膏、发蜡等固化剂。

5. 微晶蜡（microcrystalline wax）

又称 无定形蜡。

（1）性质 化学组成主要是一种高沸点的长链烃类，以 $C_{31} \sim C_{38}$ 的支链饱和烃为主，少量的直链、环状烃，相对分子质量一般为 $580 \sim 700$。不溶于酒精，略溶于热酒精，可溶于苯、乙醚、氯仿，可与矿物蜡、植物蜡及热脂肪油互溶。

（2）理化常数 熔点 $60 \sim 85℃$，折射率 $1.430 \sim 1.445$。

（3）用途 广泛应用于香脂、唇膏、发蜡等化妆品中。

四、合成油脂

合成油脂主要包括角鲨烷，羊毛脂衍生物（液体羊毛脂、硬质羊毛脂、羊毛脂醇、羊毛脂酸、乙酰化羊毛脂、聚氧乙烯羊毛脂、乙酰化羊毛醇、聚氧乙烯羊毛醇醚、氢化羊毛脂、羊毛脂酸异丙酯），硅油及其衍生物（二甲基硅油、八甲基硅油、水溶性硅油、甲基苯基聚硅氧烷、甲基含氢硅油），脂肪酸、脂肪醇和酯类（月桂酸、肉豆蔻酸、棕榈酸、硬脂酸、油酸、亚油酸、芥酸、癸酸、月桂醇、十六醇、十八醇、异十八醇、油醇、十四醇乳酸酯、十四烷酸异丙酯、棕榈酸异丙酯、硬脂酸丁酯、硬脂酸异辛酯、硬脂酸单甘油酯、油酸癸酯、辛酸/癸酸甘油酯、甘油三油酸酯)。

1. 角鲨烷(squalane)

又称 异三十烷,鲨烷。

(1)性质 无色透明黏状液体,无味。微溶于甲醇、乙醇、丙酮和冰乙酸,可以与石油醚、乙醚、苯、氯仿、四氯化碳混溶。

(2)理化常数 密度 0.8115g/cm³,凝固点 -38℃,沸点 350℃,黏度 0.03Pa·s。

(3)用途 角鲨烷对皮肤刺激性小,有良好的皮肤渗透性、润滑性及安全性,可用作化妆品中霜膏、乳液、化妆水、口红及护发制品的油性原料。

2. 羊毛脂衍生物

(1)液体羊毛脂(liquid lanolin)

①性质。淡黄色液体。主要成分为低分子脂肪酸和羊毛脂醇的酯类。

②理化常数。酸值≤3.0mg KOH/g,碘值 20~40g/100g。

③用途。对皮肤的亲和性、渗透性、扩散和柔软作用好,对头发有优异的调湿效果。对液态的油脂类、矿物油的溶解性好,适用于口红、婴儿护肤油、发油。对颜料的分散,防止蜡类的结晶有优良的作用,适用于有色雪花膏、美容粉底等产品。

(2)硬质羊毛脂(hard lanolin)

又称 羊毛脂蜡。

①性质。淡黄褐色软蜡,熔点高而脆性不大,是比羊毛脂更好的 W/O 型乳化剂。

②理化常数。熔点 43~55℃,酸值≤3.0mg KOH/g,碘值 18~36g/100g。

③用途。硬质羊毛脂对填充料有很好的分散作用,大量用于制造唇膏和口唇光亮剂。

(3)羊毛脂醇(lanolin alcohol)

①性质。无色或微黄色的蜡状固体,不溶于水、乙醚、丙酮,可溶于氯仿、热无水乙醇。

②理化常数。熔点 45~58℃,酸值≤2mg KOH/g,皂化值≤12mg KOH/g。

③用途。羊毛脂醇可以吸收其四倍质量的水,比羊毛脂有更好的保水性,对皮肤有很好的润湿性、渗透性和柔软性,具有稳定的乳化性和分散性,多用于膏霜、乳液、蜜等化妆品中。

(4)羊毛脂酸(lanolin fatty acid)

①性质。组分是 C_9~C_{34} 的脂肪酸,是由羊毛脂水解精制得到的黄色蜡状固体,稍有蜡质气味,不溶于水,可以分散于蓖麻油、热白油中。

②理化常数。熔点 35~40℃,酸值 175~200mg KOH/g,碘值 12~15g/100g。

③用途。羊脂酸中的长链烃其盐的抗水性强,且调节性能好,可用于面部和眼部化妆品中,羊毛脂酸的三乙醇胺盐具有 O/W 乳化活性。

(5)乙酰化羊毛脂(acetylated lanolin)

又称 ACL,羊毛脂 MOD。

①性质。黄色膏状物,无味,可塑性增加,低温时具有油膏状黏度。亲油性增加,可溶于冷的矿物油,呈透明状。

②理化常数。熔点 30~40℃,皂化值 90~125mg KOH/g,酸值<3mg KOH/g。

③用途。乙酰化羊毛脂具有良好的抗水性和油溶性,能形成抗水薄膜减少水分蒸发,对皮肤无刺激、无毒,是很好的柔软剂,具有增溶分散能力。由于性能温和、安全,应用于乳液、膏霜类护肤及防晒化妆品中,与矿物油混合后,用于婴儿油、浴油、唇膏、发油、发胶等化妆品。

(6)聚氧乙烯羊毛脂(polyoxyethylene lanolin)

又称 羊毛脂的聚氧乙烯醚。

①性质。黄色至黄棕色膏状物,有特殊气味。分子中随着环氧乙烷(EO)摩尔数的增加,亲水性增强,当 EO 加至 70~75mol 时,产品才能成为水溶性的,耐酸、碱性能较好。

②用途。聚氧乙烯羊毛脂具有平衡的亲水、亲油特性以及它可作为非离子型乳化剂、润湿剂、分散剂和增溶剂,所以更多应用于液体化妆品中。

(7)乙酰化羊毛醇(acetylated lanolin alcohol)

①性质。淡黄色至黄色略带油脂气味的流动性液体(>25℃),不溶于水,可以任何浓度溶于矿物油、蓖麻油和植物油中,也能与 95% 乙醇、肉豆蔻酸异丙酯、棕榈酸异丙酯和棕榈酸丁酯互溶。

②理化常数。熔点 8~10℃,酸值 <1mg KOH/g,皂化值 180~200mg KOH/g,碘值6~8g/100g。

③用途。乙酰化羊毛醇是一种具有异常柔软感的亲油性润肤剂、油溶性扩散剂、渗透剂及增塑剂。可用作液体柔软剂加到手用和身体用的润肤膏以及洗发乳、剃须泡沫胶中。

(8)聚氧乙烯羊毛醇醚(ethoxylated lanolin alcohol)

又称 羊毛醇的聚氧乙烯醚,乙氧基化羊毛脂醇。

①性质。聚氧乙烯羊毛醇醚随乙氧基化度的增加,HLB 值逐渐增加,抗酸、抗碱及稳定性好。

②理化常数。碘值6~8g/100g,皂化值 6~18mg KOH/g,酸值≤6.0mg KOH/g,流动点41~49℃(ED-20),水溶液浊点 74~82℃(ED-20),质量分数为 5%。溶液 pH 3.5~7.0。

③用途。用于洗发乳,起泡性好,洗后头发光泽好。Polychol-5 用作颜料分散剂和染料增溶剂,适用于口红。Polychol-15,40 用于洗发乳、洗涤剂等产品中,具有加脂留香的作用。

(9)氢化羊毛脂(hydrogenated lanolin)

①性质。氢化羊毛脂是一种白色无臭蜡状物,吸水性强,在矿物油中溶解度较好,容易被皮肤吸收。

②理化常数。熔点 47~54℃,酸值 0.3mg KOH/g,皂化值 <7mg KOH/g。

③用途。氢化羊毛脂用作 W/O 和 O/W 乳化剂,还可用于唇膏、药膏及眼膏中。

(10)羊毛脂酸异丙酯(isopropyl lanolate)

①性质。淡黄色至黄色膏状物,羟基酯含量高,亲水性强,具有 W/O 乳化活性。

②理化常数。熔点 38~50℃,酸值 12~18mg KOH/g,皂化值 135~165mg KOH/g,羟值 50~60mg KOH/g。

③用途。可用作 W/O 型乳化剂和增塑剂,在化妆品中加入可减少产品的油腻感,并有润滑、舒适的感觉。可以改善固态物的润湿性和颜料的分散性,多用在唇膏、防晒油、膏

霜等化妆品中。

3．硅油及其衍生物

（1）二甲基硅油（polydimethysiloxane）

又称　二甲基聚硅氧烷，聚二甲基硅醚。

①性质。组成是以硅氧烷为骨架的直链聚合物，无色无味透明黏性液体。不溶于水和乙醇，可溶于氯仿、四氯化碳、苯、甲苯、乙醚等有机溶剂中。

②理化常数。密度 $0.85 \sim 1.05 g/cm^3$，折射率 $1.385 \sim 1.410$。

③用途。硅油可以在皮肤表面形成均匀的防水、透气的保护膜，与皮肤相容性好，能防止紫外线对皮肤的伤害。因此广泛应用于护肤霜、护手霜、皮肤清洁剂、防晒霜、剃须膏、除臭剂、浴液、护发素等化妆用品中。

（2）八甲基硅油（octamethyl cyclotetrasiloxane）

①性质。无色无味无臭透明液体，不黏，易挥发。不溶于水，无刺激。

②理化常数。密度 $0.95 \sim 0.98 g/cm^3$，凝固点 $13.9 \sim 17.5℃$，折射率 $1.390 \sim 1.395$。

③用途。用于头发调理剂、卷发剂、固定剂、喷发胶、头发干洗剂等护发用品中，可使头发光滑、柔顺。

（3）水溶性硅油（water soluble silicon oil）

又称　聚硅氧烷 - 聚氧烷基嵌段共聚物。

①性质。水溶性硅油是一种白色至淡黄色透明油状液体，密度是 $0.96 \sim 1.02 g/cm^3$，与水以任意比例互溶。属非离子型，表面张力低。

②理化常数。黏度 $1400 \sim 1500 MPa\cdot s$，折光率 $1.43 \sim 1.46$。

③用途。水溶性硅油可用于洗发乳等护发用品中，使头发柔软、滑爽、有光泽。也可用于膏霜、奶液等护肤用品中，在皮肤表面形成均匀的防水、透气保护膜，使皮肤滑润，还可防止紫外线的伤害。

（4）甲基苯基聚硅氧烷（methyl phenyl polysiloxane）

①性质。甲基苯基聚硅氧烷是一种无色或淡黄色透明液体，除具有二甲基硅油的性质外，还具有较好的热稳定性和润滑性。高苯基含量的甲基苯基聚硅氧烷密度和折射率大，与有机溶剂的相容性好。

②用途。应用于化妆品添加剂。

（5）甲基含氢硅油（methyl hydrogen polysiloxane oil）

①性质。甲基含氢硅油是一种无色至淡黄色透明黏稠液体，除具有二甲基硅油的性质外，还具有 Si—H 键，可参与多种化学反应，在低温下交联，具有良好的成膜性。

②理化常数。密度 $0.98 \sim 1.10 g/cm^3$，折射率 $1.390 \sim 1.410$，有多种不同黏度。

③用途。甲基含氢硅油在低温下发生交联反应，能在头发表面形成疏水耐磨的保护膜，可提高头发强度，防止分叉断裂，因此应用于洗发乳、冷烫剂、护发素、喷发胶等护发用品中。

4．脂肪酸、脂肪醇和酯类

（1）月桂酸（lauric acid）

又称　十二烷酸，十二酸。

①性质。月桂酸在常温下为白色固体,不溶于水,溶于石油醚、乙醚、氯仿等有机溶剂中。

②理化常数。熔点 44.2℃,沸点 272℃(0.1MPa),碘值 1～4g/100g,酸值 276～284mg KOH/g,折射率 1.4267。

③用途。月桂酸应用于香皂、洗涤剂和化妆品的油性原料。

(2)肉豆蔻酸(myristic acid)

又称 十四烷酸,十四酸。

①性质。肉豆蔻酸在常温下为白色晶体,无气味。不溶于水,可溶于无水乙醇、醚、石油醚、甲醇、氯仿、苯。

②理化常数。密度 0.8622g/cm³,熔点 58.5℃,沸点 199℃(2.1MPa),酸值 245.68mg KOH/g,折射率 1.4273。

③用途。应用于化妆品和香料工业中。

(3)棕榈酸(palmitic acid)

又称 十六烷酸,十六酸。

①性质。棕榈酸在常温下为白色固体,不溶于水,溶于乙醚、石油醚、氯仿等有机溶剂中。

②理化常数。熔点 62.9℃,酸值 212～220mg KOH/g,碘值 3g/100g。

③用途。棕榈酸是肥皂、香皂、洗涤剂、化妆品的原料。

(4)硬脂酸(stearic acid)

又称 硬蜡酸,十八烷酸,十八酸。

①性质。硬脂酸在常温下是白色或微黄色蜡状固体,略带牛油气味。不溶于水,溶于乙醇、乙醚、二硫化碳、四氯化碳、氯仿等有机溶剂。

②理化常数。密度 0.84g/cm³,熔点 69.4℃,酸值 205～210mg KOH/g,皂化值 206～211mg KOH/g。

③用途。硬脂酸是冷霜、雪花膏等化妆品的主要原料,在香料工业中合成酯的原料。

(5)油酸(oleic acid)

又称 红油,动物油酸,棉油酸,顺式十八(碳)烯-9-酸。

①性质。油酸是一种白色或淡黄色油状液体,凝固后呈白色柔软固体,露置于空气中颜色逐渐变深,有类似猪脂气味。微溶于水,溶于乙醇、乙醚、苯、三氯甲烷等有机溶剂中。具有羧酸的一般性质和不饱和双键的化学特性。

②理化常数。密度 0.89～0.91g/cm³,沸点 286℃(13.3kPa),酸值 190～202mg KOH/g,碘值 80～100g/100g,皂化值 190～205g/100g。

③用途。用作洗涤剂、脂肪酸皂基质及化妆品的原料。

(6)亚油酸(linoleic acid)

又称 顺,顺-9,12-十八碳二烯酸。

①性质。亚油酸常温下为无色或淡黄色无毒液体,在空气中易发生自氧化。不溶于水和甘油,溶于乙醇、乙醚、氯仿等有机溶剂,可以与二甲基甲酰胺和油类混溶。

②理化常数。凝固点 -5℃,沸点 228～230℃(2kPa),密度 0.9022g/cm³,折射率

1.4699,酸值≥195mg KOH/g,碘值≥148g/100g。

③用途。亚油酸作为各种表面活性剂原料,应用于洗涤剂、洗发乳、化妆品中。同时亚油酸钠盐或钾盐是肥皂的成分之一,可用作乳化剂。

（7）芥酸（erucic acid）

又称　顺式二十二烯-13-酸。

①性质。芥酸在常温下是白色针状晶体,不溶于水,易溶于甲醇、乙醇、乙醚。

②理化常数。碘值70～78g/100g,酸值160～170mg KOH/g,熔点28～34℃。

③用途。用于制备各种表面活性剂、化妆品、化纤油剂的原料。

（8）癸酸（decanoic acid）

又称　十烷酸。

①性质。癸酸常温下为白色固体,具有不愉快气味。不溶于水,溶于乙醇及大部分有机溶剂中。

②理化常数。熔点31.4℃,沸点268℃（0.1MPa）,密度0.89g/cm³（30℃）,酸值318～330mg KOH/g,折射率1.4286（40℃）。

③用途。癸酸主要用于塑料增塑剂和阳离子杀菌剂的原料。

（9）月桂醇（lauryl alcohol）

又称　十二烷醇。

①性质。室温下为无色液体,低于20℃呈固体,具有微弱的油脂气味。不溶于水,溶于乙醇和乙醚,具有脂肪醇的化学特性。

②理化常数。密度0.830～0.836g/cm³,凝固点26℃,沸点255～260℃,皂化值≤2mg KOH/g,折射率1.442～1.447。

③用途。月桂醇用作化妆品、纺织助剂、化纤油剂、乳化剂和浮选剂的原料。同时月桂醇用于制备脂肪醇醚硫酸钠,作为洗涤剂原料。制成的脂肪醇硫酸钠是牙膏的发泡剂。

（10）十六醇（catyl alcohol）

又称　鲸蜡醇。

①性质。十六醇为白色颗粒或蜡块状结晶固体,有香味。不溶于水,溶于乙醇、乙醚、氯仿。

②理化常数。密度0.8176g/cm³,熔点49～50℃,沸点344℃,碘值≤2g/100g。

③用途。十六醇用作乳化剂、洗涤剂的表面活性剂、香料、制药、唇膏、乳液的原料。

（11）十八醇（octadecanol）

又称　硬脂醇。

①性质。常温下为白色蜡状小叶晶体,有香味。不溶于水,溶于乙醇、乙醚等有机溶剂。与硫酸起磺化反应,与碱不起作用。

②理化常数。密度0.8124g/cm³,熔点59.4～59.8℃,沸点210.5℃（2kPa）,折射率1.4346。

③用途。十八醇是膏霜、乳液的基本原料,化妆品级十八醇用于高级化妆品中,还可以作为制造消泡剂、浮选剂、软化剂和医药软膏的原料。

（12）异十八醇（isooctadecanol）

又称 异硬脂醇,2 - 辛基十醇。

①性质。异十八醇是一种无色、无臭、透明的油状液体。不溶于水,溶于乙醇、乙醚等有机溶剂。凝固点和黏度低,渗透性强,氧化稳定性好。

②理化常数。密度 $0.830 \sim 0.840 g/cm^3$,凝固点 $-300℃$,黏度 $60MPa \cdot s$。

③用途。异十八醇主要用作膏霜类、唇膏、指甲油、防晒油等的化妆品原料。

(13)油醇(oleyl alcohol)

又称 十八碳 $-9-$ 烯 $-1-$ 醇。

①性质。油醇是一种无色液体,不溶于水,可以溶于醇、醚等。

②理化常数。密度 $0.8489 g/cm^3$,沸点 $205 \sim 210℃(2kPa)$

③用途。油醇主要是生产润湿剂、乳化剂、洗涤剂、分散剂的原料及化妆品的油性组分。

(14)十四醇乳酸酯(myristyl lactate)

①性质。十四醇乳酸酯是一种无色至微黄色油液或白色固体,无气味或稍有特异气味。具有弱脂肪性,易溶于醇。

②理化常数。密度 $0.892 \sim 0.904 g/cm^3$,熔点 $29 \sim 34℃$,皂化值 $166 \sim 196 mg\ KOH/g$。

③用途。十四醇乳酸酯作为固态香精和油溶性医药添加剂的增溶剂,也作为化妆品(口红、膏霜、乳液)油溶性组分及溶液。

(15)十四烷酸异丙酯(isopropyl myristate)

又称 肉豆蔻酸异丙酯。

①性质。十四烷酸异丙酯是一种无色无味透明液体,可与植物油任意比例混合。不易水解及酸败,黏度低。

②理化常数。密度 $0.85 \sim 0.86 G/cm^3$,熔点 $4 \sim 6℃$,折射率 $1.435 \sim 1.438$。

③用途。十四烷酸异丙酯可以用于口红、发油、发膏、唇膏、清洗霜、雪花膏、冷霜、香粉以及医药行业药膏中,作分散剂和原料。

(16)棕榈酸异丙酯(isopropyl palmitate)

又称 十六烷酸异丙酯。

①性质。无色至淡黄色油状液体,具有优良的渗透性,不溶于水、甘油,溶于醇、醚。

②理化常数。沸点 $340.7℃$,熔点 $11 \sim 13℃$,闪点 $162.2℃$,密度 $0.850 \sim 0.855 g/cm^3$,折射率 1.439。

③用途。用于口红、洗面奶、浴液中、膏霜中,在膏霜中可使膏体细腻、光亮、无油腻感。

(17)硬脂酸丁酯(buty stearate)

又称 十八烷酸丁酯。

①性质。硬脂酸丁酯为无色稳定油状液体或晶体,在室温下为白色或淡黄色蜡状物,略有油脂气味。微溶于水,可溶于醇、醚等,与矿物油、植物油混溶。

②理化常数。密度 $0.855 \sim 0.875 g/cm^3$,熔点 $27℃$,沸点 $343℃$,皂化值 $146 \sim 177 mg\ KOH/g$,折射率 $1.443(20℃)$。

③用途。硬脂酸丁酯可以用于口红制造,作为提高曙红酸等染料溶解性的助溶剂和

美容化妆品的添加剂,还可用于化纤、塑料、橡胶的软化剂及润滑剂。

(18)硬脂酸异辛酯(2 – ethylhexyl stearate)

又称 硬脂酸 – 2 – 乙基己酯。

①性质。无色至淡黄色透明油状液体,具有弱脂肪性类脂,分散性好,同时具有很好的触变性、延展性、流动性及滑爽性,与皮肤相容性好。

②理化常数。皂化值 145 ~ 155mg KOH/g,酸值 ≤ 1.5mg KOH/g,折射率 1.448 ~ 1.450。

③用途。硬脂酸异辛酯应用于油溶性添加剂的增溶剂、醇溶性体系、化妆品乳液及膏霜类等产品。

(19)硬脂酸单甘油酯(glycerine monostearate)

又称 单硬脂酸甘油酯,单甘酯。

①性质。硬脂酸单甘油酯是纯白色至淡乳色的蜡状固体,有刺激性及脂肪气味,无毒,可燃。在水和醇中几乎不溶,可分散于热水中,极易溶于热的醇、石油和烃类中。

②理化常数。密度 0.97g/cm^3,熔点 58 ~ 59℃,皂化值 150 ~ 180mg KOH/g,碘值 ≤ 3g/100g。

③用途。硬脂酸单甘油酯是膏霜的理想原料,同时是配制中药药膏的原料。

(20)油酸癸酯(decyl oleate)

又称 癸基油酸酯。

①性质。油酸癸酯常温下为微黄色的透明液体,略有特殊气味。可以和多数脂肪类原料混溶,无刺激性,流动性好,扩散性强,有很强的渗透作用。

②理化常数。折射率 1.455 ~ 1.457,密度 0.86 ~ 0.87g/cm^3,碘值 55 ~ 65g/100g。

③用途。油酸癸酯是应用广泛的油性原料,单独使用,或与其他油类配合使用,生产化妆品膏霜类、润肤油、医药乳液和脱水产品。

(21)辛酸/癸酸甘油酯(glycerol caprylate/caprate)

①性质。辛酸/癸酸甘油酯为无色、无臭,低黏度透明油状液体,呈中性。易于和乙醇、异丙醇、甘油、氯仿等多种溶剂混合,易溶于许多类脂化妆品中。

②理化常数。皂化值 335 ~ 350mg KOH/g,密度 0.945 ~ 0.949g/cm^3,碘值 9.5g/100g,折射率(20℃)1.448 ~ 1.450。

③用途:辛酸/癸酸甘油酯可用于 O/W 和 W/O 型膏霜类、O/W 型乳化液、皮肤油、浴用油、洗发乳、唇膏及含醇量高的化妆水、气溶胶等产品。

(22)甘油三油酸酯(glycerol trioleate)

①性质。甘油三油酸酯是无色味液体,不溶于水,微溶于醇,能溶于醚、氯仿和四氯化碳。

②理化常数。密度 0.915g/cm^3,沸点 235 ~ 240℃,皂化值 192 ~ 202mg KOH/g,碘值 82 ~ 87g/100g,折射率(60℃)1.4561。

③用途。甘油三油酸酯可用作乳化剂,也作膏霜、乳液和唇膏基质。

五、油脂与蜡类原料的应用

油质原料包括天然油质原料和合成油质原料两大类,主要指油脂、蜡类原料、脂肪酸、脂肪醇和酯类等,是化妆品的一类主要原料。油脂主要成分为脂肪酸和甘油组成的脂肪酸甘油酯。蜡类是高碳脂肪酸和高碳脂肪醇构成的酯。这种酯在化妆品中起到稳定性、调节黏稠度、减少油腻感等作用。

[例1]润唇膏的制备

日常涂抹的护肤霜涂在干燥的唇上并没有作用。嘴唇需要较滋润、维持时间较长久、能停留在嘴唇表面而不渗透的护肤品,这就是润唇膏。虽然不能说润唇膏的作用是万能的,但它含有的主要成分的确是针对唇部皮肤的特殊需要,能够为双唇锁住水分提供屏障。

润唇膏的基本原料是由油、脂、蜡等化妆品原料,它们是唇膏的骨架。润唇膏中理想的基质除对色素有一定的溶解性外,还必须具有一定的柔软性,能轻易地涂于唇部并形成均匀的薄膜,能使嘴经得起温度的变化,即夏天不软不溶,不出油,冬天不干不硬、不脱裂。为了达到此要求,必须适宜地选择油、脂、蜡类原料。

润唇膏能保持唇部滋润,使唇部带有柔亮光泽、提升嘴唇的闪亮度。适用于干燥的唇部肌肤、皲裂的唇部肌肤。

润唇膏配方如表2－1所示。

表 2 － 1　　　　　　　　　　　　　　　　润唇膏配方

组分	质量分数/%	组分	质量分数/%
聚酰胺	13.0	生育酚醋酸酯	2.5
月桂酸聚乙二醇酯	38.0	二苯甲酮	3.0
蓖麻油	30.5	二甲基对氨基苯甲酸辛酯	7.0
月桂醇聚氧乙烯醚羧酸酯	6.0		

(1)润唇膏的制备步骤

①将唇膏管、烧杯、玻璃棒放在消毒柜里消毒。其中,唇膏管只能是臭氧消毒,高温可能会导致唇膏管发生形变。如果没有消毒柜的话,可以用医用酒精浸泡阴干。

②打开电磁炉,不锈钢锅内加水,将不锈钢锅置于电磁炉上。按上述配方,将一定量的蜂蜡与橄榄油倒入烧杯中,置于锅内,控制水浴加热温度约80℃,用玻璃棒轻轻搅拌至全部溶解。

③待蜂蜡与橄榄油溶解后,往烧杯中加入蜂蜜与防腐剂,一个维生素E胶囊,最后向烧杯中滴入几滴精油。

④上述配方中组分全部搅拌均匀溶解后,趁热将溶液倒入唇膏管内。

⑤将制成的唇膏放在阴凉处或冰箱里待凝固即可使用。

(2)润唇膏制备的注意事项

①加入维生素E时,有效成分是胶囊里的液体,所以在使用前应用剪刀将胶囊剪开,然后将溶液挤进烧杯里。

②液体状态的润唇膏在倒入唇膏管时应趁热快速倒入,避免蜂蜡冷却过程中因收缩造成唇膏管内的漩涡和中空。

[例2]护手霜

护手霜配方如表2-2所示。

表2-2 护手霜配方

成分	质量分数/%	成分	质量分数/%
精制水	58.0	鲸蜡醇	4.0
甘油	20.0	凡士林	2.0
尿素	2.0	液体石蜡	10.0
POE(60)异硬脂酸甘油酯	2.5	维生素E乙酸酯	适量
硬脂酸单甘油酯	1.5	维生素D	适量

[例3]非透明皂

非透明皂配方如表2-3所示。

表2-3 非透明皂配方

组分	含量/g	总量/%	组分	含量/g	总量/%
硬脂酸	30	25.85	氢氧化钾	15.26	13.15
棕榈油	10	8.62	水	45.78	39.45
椰子油	10	8.62	总量	116.04	100
蓖麻油	5	4.31			

第三章 粉质和胶质原料

第一节 粉体的性质

粉类原料是组成香粉、爽身粉、胭脂、眼影粉和牙膏等化妆品的基本原料。

一、粉体原料的性质

1. 遮盖力

粉体可遮盖肌肤的色斑和不良的肤色。具有良好遮盖力的粉体有钛白粉、锌白粉,碳酸钙也可用于遮盖,同时碳酸钙还可阻挡紫外线。

2. 延展力

指粉体涂敷于肌肤时,可形成薄膜,平滑伸展,有圆润触感的性能。滑石粉的伸展力最好,还可使用淀粉、金属皂、云母、高岭土等。

3. 附着力

指粉体容易附着于皮肤上,不易散妆的性能。

4. 吸收力

指粉体吸收汗腺和皮肤分泌的多余的分泌物,消除油光的性能,轻质碳酸钙、碳酸镁、淀粉、高岭土等的吸收性均较好。

二、粉体原料的物理特性

1. 比表面积

比表面积是指单位质量物料所具有的总面积,分外表面积、内表面积两类,国标单位为 m^2/g。理想的非孔性物料只具有外表面积,如硅酸盐水泥、一些黏土矿物粉粒等;有孔和多孔物料具有外表面积和内表面积,如石棉纤维、岩(矿)棉、硅藻土等。测定方法有容积吸附法、重量吸附法、流动吸附法、透气法、气体附着法等。比表面积是评价催化剂、吸附剂及其他多孔物质如石棉、矿棉、硅藻土及黏土类物料的重要指标之一。

2. 填充性

粉体的填充性是指固体粉末原料的容积密度、填充率和乳隙率。

粉料填充剂分为无机填充剂、有机填充剂和天然填充剂三类。

(1)无机填充剂 滑石粉、高岭土、云母、绢云母、碳酸镁、碳酸钙、硅酸镁、二氧化硅、硫酸钡、硅藻土、膨润土。

(2)有机填充剂 纤维素微球、尼龙微球、聚乙烯微球、聚四氟乙烯微球、聚甲醛及丙烯酸酯微球。

(3)天然填充剂 木薯粉、纤维素粉、丝素粉、淀粉、改性淀粉。

3. 润湿性

润湿是固体界面由固－气界面转变为固－液界面的现象。粉体的润湿性对片剂、颗粒剂等固体制剂的崩解性、溶解性等具有很重要的意义。

固体的润湿性用接触角表示,当液滴滴在固体表面时,润湿性不同可出现不同形状。液滴在固液接触边缘的切线与固体平面间的夹角称为接触角。接触角最小为 0°,最大为 180°,接触角越小粉体的润湿性越好。

4. 粉体的密度和孔隙率

由于粉体粒子表面粗糙、形状不规则,在堆积时,粒子与粒子间必有空隙,而且有些粒子本身又有裂缝和孔隙,所以粉体的体积包括粉体自身的体积、粉体粒子间的空隙和粒子内的孔隙,故表示方式较多,相应的就有多种粉体密度及孔隙率的表示法。

(1)粉体的密度　粉体的密度系指单位体积粉体的质量。根据粉体所指的体积不同,分为真密度、颗粒密度、堆密度三种。各种密度定义如下。

①真密度。指粉体质量除以不包括颗粒内外空隙的体积(真实体积),求得的密度,即排除所有的空隙占有的体积后,求得的物质本身的密度。

②粒密度。指粉体质量除以包括开口细孔与封闭细孔在内的颗粒体积,求得的密度,即排除粒子之间的空隙,但不排除粒子本身的细小孔隙,求得的粒子本身的密度。

③堆密度。又称松密度,指粉体质量除以该粉体所占容器的体积,求得的密度。其所用的体积包括粒子本身的孔隙以及粒子之间空隙在内的总体积。

一般而言,对于同一种粉体原料,粉体的真密度数值最大,粒密度次之,而堆密度的数值最小。在化妆品粉体原料中,堆密度是比较重要的。粉质原料的堆密度还有"重质"和"轻质"之分,主要是指其粒密度和堆密度不同,堆密度大的为重质,堆密度小的为轻质,但其真密度是常数,是相等的。

(2)粉体的孔隙率　粉体的孔隙率是粉体层中空隙所占的比率,即粉体粒子间空隙和粒子内孔隙所占体积与粉体体积之比,常用百分率表示。

粉体的孔隙率是与粒子形态、表面状态、粒子大小及粒度分布等因素有关的一种综合性质,是对粉体加工性质及其制剂质量有较大影响的参数。粉饼、爽身粉、眼影等化妆品主要是由粉体原料加工制成,其孔隙率的大小直接影响着化妆品的肤感和持妆时间。

粉体的孔隙率可通过真密度计算求得,也常用压汞法、气体吸附法等进行测定。

5. 粉体的流动性

有些粉体性质松散,能自由流动;有些粉体则有较强的黏着性,黏结在一起不易流动。粉体的流动性是粉体的重要性质之一。

第二节　化妆品中主要的粉体原料

粉体原料质量要求首先是安全,必须保证化妆品的安全性。不能对皮肤产生任何刺激,其原料细菌数不能超标,细度最小应超过 100 目。粉体原料在粉状化妆品中用量可高达 30% ~80% 。

一、主要粉体原料

粉体原料主要有云母、轻质碳酸镁、重质碳酸镁、钛白粉、锌白粉、氢氧化钙、高岭土、硬脂酸钙、硬脂酸铝、硬脂酸锌、硬脂酸镁、滑石粉、碳酸钙、二氧化硅、氢氧化铝、焦磷酸钙、磷酸氢钙。

1. 云母(mica)

(1)性质　云母是云母族矿物的总称,是复杂的硅酸盐类,主要分白云母、黑云母、金云母和鳞云母四类。单斜晶系,晶体常成假六方片状,集合体是鳞片状。有玻璃光泽,薄片有弹性。

(2)用途　云母粉中白云母系用于粉状化妆品中有收敛作用,还可赋予化妆品珍珠光泽。

2. 轻质碳酸镁(light magnesium carbonate)

又称　碱式碳酸镁。

(1)性质　白色轻质无定型粉末,无毒,无臭,在空气中稳定。几乎不溶于水,易溶于酸。在潮湿空气中吸收二氧化碳和水,遇稀酸分解放出二氧化碳。碳酸镁具有比碳酸钙强3~4倍的吸收性,在化妆品中应用中,主要是作为香粉、水粉的吸收剂。

(2)用途　制造香粉、水粉、粉饼、胭脂等的原料,同时可用作护色剂、碱性剂、干燥剂、抗结块剂。

3. 钛白粉(titanium dioxide)

又称　钛白,二氧化钛。

(1)性质　钛白粉为白色粉末,分三种晶型,锐钛矿、板钛矿、金红石。钛白粉化学性质稳定,一般情况下与大部分化学试剂不反应,可与任何胶黏剂混合使用。不溶于水、脂肪酸、弱无机酸,微溶于碱,可被热硫酸及盐酸溶解。粒子小,质软而均匀,分散好,白度高,具有较好的着色力和遮盖力。是优秀的白色颜料,无毒。

(2)用途　钛白粉可用于防晒化妆品,钛白粉的吸油性和附着性很好,延展性差,与锌白粉混合,可克服延展性的不足。

4. 锌白粉(zinc oxide)

又称　锌氧粉,锌华。

(1)性质　锌白粉是白色毛状物,系白色六角晶体或粉末。无毒,无臭,无砂性。锌白粉为两性氧化物,不溶于水、醇,溶于酸、碱及氯化铵溶液中。长期存放于潮湿空气中,渐渐变成碱式碳酸锌。高温呈黄色,冷后恢复为白色。

(2)用途　应用于分类化妆品及增白粉蜜中。

5. 氢氧化钙(calcium hydroxide)

又称　消石灰,熟石灰。

(1)性质　氢氧化钙是具有碱味,略带苦味,细腻的白色粉末,可以从空气中吸收二氧化碳变成碳酸钙。不溶于乙醇,极难溶于水,强碱性,溶于甘油、盐酸、硝酸及蔗糖的饱和溶液中。

(2)用途　氢氧化钙用于制药、橡胶、石油工业添加剂,制备缓冲剂、中和剂、固化剂、水软化剂等例如漂白粉、硬水软化剂、消毒剂、制酸剂、收敛剂、土壤酸性防止剂、脱毛剂。

6. 高岭土（kaolin）

又称　白陶土，瓷土。

（1）性质　高岭土由铝、硅和水组成，其中 SiO_2 占 46.3%，Al_2O_3 占 39.8%，H_2O 占 13.9%。是由花岗岩、片麻岩等结晶岩破坏后的产物黏土的一种，呈珍珠光泽，颜色为纯白或淡灰。大部分是致密状态或是松散的块状，有滑腻感和泥土味，易分散于水或其他液体。高岭土具有可塑性，湿土塑成各种形状不易破碎，可烧结成瓷或陶器。黏土附于皮肤性能好，可吸收汗液及抑制皮脂，与滑石粉配合使用能消除滑石粉的闪光性。

（2）用途　高岭土应用于香粉、水粉、粉饼、胭脂等化妆品原料，及瓷器、橡胶、耐火材料、造纸等化工原料。

7. 硬脂酸钙（calcium stearate）

（1）性质　白色细微粉末，无毒。不溶于水，微溶于热乙醇。遇强酸分解为硬脂酸和相应钙盐，在空气中具有吸水性。

（2）用途　硬脂酸钙应用于化妆品香粉中，对粉末附着力强，润滑性好，铺散均匀而且香粉的形成性好。

8. 硬脂酸铝（aluminium stearate）

又称　三硬脂酸铝。

（1）性质　白色粉末，无气味。不溶于水，能溶于醇、苯、松节油、矿油和碱。

（2）用途　硬脂酸铝用作防水剂、润滑剂和增稠剂。

9. 硬脂酸锌（zinc stearate）

又称　十八酸锌。

（1）性质　白色黏结的细粉，有滑腻感，微具刺激性。不溶于水、醇、醚，溶于苯，能被酸分解。对皮肤具有良好黏附性能，润滑性好。

（2）用途　硬脂酸锌应用于分类化妆品中，可增进黏附性，还用作塑料制品的稳定剂、脱膜剂、润滑剂。

10. 硬脂酸镁（megnesium stearate）

又称　十八酸镁。

（1）性质　白色粉末，有滑腻感。不溶于水，溶于热醇，遇稀酸分解。对皮肤具有良好黏附性能，润滑性好。

（2）用途　硬脂酸镁应用于分类化妆品中，可增进黏附性，润滑剂，及医药片剂原料。

11. 滑石粉（talc）

又称　含水硅酸镁，法兰西白粉。

（1）性质　纯白、银白、粉红或淡黄色细粉末，柔软，有滑腻感。不溶于水，化学性质稳定，具有润滑性、耐火性、耐绝缘性、抗酸碱性等优良性能，具有滑爽和黏附于皮肤的性能，对皮肤有一定的遮盖力。

（2）用途　滑石粉是粉类化妆品的主要原料，可用于制造香粉、爽身粉、痱子粉、粉饼、胭脂等。还用于造纸、纺织、橡胶等工业中作填充剂,也用于涂料、陶瓷、农药、电缆、油毡等。

12. 碳酸钙(calcium carbonate)

(1)性质 碳酸钙为白色晶体或粉末,无臭,无味,不溶于水,溶于酸产生二氧化碳。碳酸钙具有吸收汗液和皮脂的作用,为无光泽细粉,有去除滑石粉闪光的功效。

(2)用途 用于制造香粉、粉饼、水粉、胭脂等原料,制造粉类化妆品时用作香精混合剂,以及牙膏摩擦剂、牙膏硬性磨料。

13. 二氧化硅(silicon dioxide)

又称 硅氧,硅酐。

(1)性质 无色结晶或无定形粉末,无味,加热时膨胀系数是已知中最小的。熔融物呈玻璃状,不溶于水或酸,溶于过量的氢氟酸时生成四氟化硅气体。与热的浓磷酸缓作用缓慢,无定形粉末与熔融的碱类反应。

(2)用途 二氧化硅用于透明牙膏、氟化物牙膏及一般牙膏摩擦剂。

14. 氢氧化铝(aluminum hydroxide)

(1)性质 氢氧化铝是白色粉状单斜晶体,不溶于水和乙醇,溶于热盐酸、硫酸和碱类,是两性氧化物。

(2)用途 氢氧化铝用作牙膏摩擦剂,属摩擦力适中的牙膏用磨料。也可用作印刷油墨与颜料的填充剂和增稠剂;在医疗上用作制酸药,中和胃酸。

15. 焦磷酸钙(calcium pyrophosphate)

(1)性质 焦磷酸钙为白色多晶型晶体或粉末,几乎不溶于水,溶于稀盐酸或硝酸。

(2)用途 焦磷酸钙用作含氟防龋牙膏的良好摩擦剂、金属磨蚀剂、牙粉、陶器、玻璃等原料。

16. 磷酸氢钙(calcium phosphate dibasic)

又称 磷酸二钙。

(1)性质 磷酸氢钙是白色单斜晶粉末,无臭,无味。几乎不溶于水和乙醇,微溶于稀乙酸,溶于稀盐酸、硝酸和乙酸。

(2)用途 磷酸氢钙主要用于药膏摩擦剂、玻璃制造、肥料和动物辅助饲料等。

二、粉体原料的应用实例

粉体原料主要用于粉底,粉底是用于化妆前打底用的化妆品,它能使香粉在皮肤上牢固附着,又能遮盖面部原来的肤色和疵点,改善皮肤的质感,使化妆色调和谐美丽。粉底是在膏霜或者乳液中加入香粉而成,所以有膏霜、乳液状、锭状之分。

粉底霜有 O/W 型、W/O 型和油性膏型的,他们是在相应膏霜中加入粉末制成。粉底霜质地细腻、均匀,具有良好的延展性,对香粉洗着力强,还有一定的抗水抗汗能力,并且易于除去。所有的乳化剂有阴离子型和非离子型的,非离子型的表面活性剂适合用于有颜料的配方。

[例1]粉底霜的制备

粉底霜配方如表 3-1 所示。

表 3 - 1　　　　　　　　　　　　　　粉底霜配方

组分	名称	含量/g
A	滑石粉	21
	钛白粉	9
	高岭土	5
B	液体石蜡	26
	司盘 - 80	3
	吐温 - 80	2
C	羊毛脂	10
	二叔丁基对甲酚	0.02
D	香精	适量
E	去离子水	适量

粉底霜制备步骤:

①将组分 A 中的原料滑石粉、钛白粉与高岭土磨细,分别过 80 目筛,筛粉备用。

②将上述粉质原料用 75% 的乙醇浸泡 24h 后,减压抽滤,回收下层滤液,并收膏备用。

③将组分 B 中的原料液体石蜡、吐温 - 80 与司盘 - 80 混合均匀制成混合液。将步骤 2 所得的稠膏及组分 C 中的原料羊毛脂、二叔丁基对甲酚溶于混合液中,搅拌均匀。

④根据稠膏的黏稠程度,加入适量去离子水调节其至合适稠度。

⑤加入适量香精,即得粉底霜。

⑥注意事项。第 2 步所得粉质原料的黏稠度直接影响第 4 步中的稠膏的黏稠程度,控制粉质原料至合适稠度。

[例2]乳化型香粉膏

乳化型香粉膏配方如表 3 - 2 所示。

表 3 - 2　　　　　　　　　　　　　乳化型香粉膏配方

组分名称	含量/g	组分名称	含量/g
硬脂酸	6	氧化锌	10
鲸蜡醇	8	滑石粉	15
单甘酯	4	乳化剂	2
11 * 白油	5	无离子水	2
甘油	30	色素、防腐剂、香精	适量
钛白粉	5		

制作方法是将油溶性原料和水溶性原料加热到 85℃ 后加入乳化罐混合搅拌,同时将钛白粉、氧化锌、滑石粉同部分甘油和水混合加热搅拌并使之均匀,形成料浆状后加入乳

化罐,同乳化体进行混合,使之分散均匀,待乳化罐内料温降至55℃时,加入香精,50℃以下停止搅拌即可。

[例3]油状香粉膏

这是在香粉原料中配加油脂类的制品,具有附着力强、化妆后不易脱落的特点,配方组成如表3-3所示。

表3-3　　　　　　　　　　　　　　　油状香粉膏配方

组分名称	质量分数/%	组分名称	质量分数/%
液体石蜡	10	无水羊毛脂	5
漂白蜂蜡	3	钛白粉	20
白凡士林	37	滑石粉	15
杏仁油	10	色素、香精、防腐剂	适量

制作方法是将粉体原料与液体石蜡、杏仁油混合均匀,制成白粉粉浆,其余油脂、蜡类加热熔化后加入该白粉粉浆,充分搅拌混匀,再经三滚研磨机研磨均匀即得。

[例4]浆状香粉

浆状香粉配方如表3-4所示。

表3-4　　　　　　　　　　　　　　　浆状香粉配方

组分名称	质量分数/%	组分名称	质量分数/%
氧化锌	10	乙醇	10
钛白粉	5	硫酸镁	1
滑石粉	4	聚乙二醇	5
高岭土	6	硼砂	适量
色素	适量	水	44
甘油	15	防腐剂、香精	适量

[例5]无油型固型香粉

无油型固型香粉配方如表3-5所示。

表3-5　　　　　　　　　　　　　　　无油型固型香粉配方

组分名称	质量分数/%	组分名称	质量分数/%
滑石粉	40	黄蓍树胶	适量
高岭土	10	安息香树脂	适量
氧化锌	14	无离子水	5
钛白粉	6	防腐剂、香精	适量
碳酸镁	10	色素	适量

[例6]加脂固型香粉

加脂固型香粉配方如表3-6所示。

表3-6　　　　　　　　　　加脂固型香粉配方

组分名称	质量分数/%	组分名称	质量分数/%
滑石粉	64	棕榈酸异丙酯	3
高岭土	10	丙二醇	3
氧化锌	10	聚乙二醇	5
钛白粉	6	色素、防腐剂、香精	适量
液体石蜡	25		

[例7]扑粉

扑粉配方如表3-7所示。

表3-7　　　　　　　　　　扑粉配方

组分名称	质量分数/%	组分名称	质量分数/%
滑石粉	85	硬脂酸锌	2
氧化锌	2	硼酸	5
碳酸镁	6	香精	适量

[例8]小儿爽身粉配方

小儿爽身粉配方如表3-8所示。

表3-8　　　　　　　　　　小儿爽身粉配方

组分名称	质量分数/%	组分名称	质量分数/%
滑石粉	83	硼酸	4
硬脂酸锌	5	高岭土	43
氧化锌	4	十一烯酸钙	适量
鲸蜡醇	1	香精	适量

[例9]粉饼

粉饼配方如表3-9所示。

表3-9　　　　　　　　　　粉饼配方

组分名称	质量分数/%	组分名称	质量分数/%
滑石	55	着色颜料	适量
绢云母	15	黏合剂、角鲨烷	3
高岭土	10	三异辛烷酸甘油酯	2
二氧化钛	5	防腐剂、抗氧化剂	适量
肉豆蔻酸锌	5	香料	适量
碳酸镁	5		

其制备方法是将滑石和着色颜料放入混合机内混合,加入其他的粉体。混合后加入黏合剂、防腐剂,调色后,将香料喷雾加入,均匀混合后,转入粉碎机粉碎。过筛后,加入皿内压制成型。

第三节　胶质原料的作用及分类

胶质原料大多是结构中具有羟基、羧基或氨基等亲水基的水溶性高分子化合物。通常,将水溶性高分子溶解于水后的黏性物质称为黏液质。胶质原料广泛地应用在膏霜、乳液、香波、香粉等化妆品类型。用于化妆品中的胶质原料应具有符合化妆品相关法规要求的安全性和稳定性,并尽可能选择无色无味以及在水中溶解性优良的化合物。

一、胶质原料在化妆品中的作用

胶质原料可以稳定乳液和悬浮液等分散体系,用于稳定化妆品体系;在乳液、蜜类等半流体系中起到增稠作用;在膏霜类半固体体系中起到增黏或凝胶化作用。简而言之,胶质原料在化妆品中发挥胶体保护、增黏成膜、提高成膜性和定型效果、降低乳液的表面张力、提高粉类原料的黏合性、具有保湿及营养保健等功效。

二、胶质原料的分类

按照胶质原料的来源分类,胶质原料可以分为天然高分子、半合成高分子和合成高分子化合物三类。

（1）天然高分子　明胶、果胶、海藻酸钠、淀粉等;

（2）半合成高分子　甲基纤维素（MC）、羧甲基纤维素（CMC）、羟乙基纤维素（HEC）等;

（3）合成高分子　乙烯醇（PVA）、聚乙烯吡咯烷酮（PVP）等。

第四节　化妆品常见的胶质原料

一、植物性胶质原料

植物性胶质包括玉米淀粉、汉生胶、瓜尔豆胶、阿拉伯胶、角叉胶、黄耆胶、淀粉、琼脂、海藻酸钠。

1. 玉米淀粉（corn starch）

又称　玉蜀黍淀粉。

（1）性质　玉米淀粉为白色块状或粉末、无气味。不溶于水、醇、醚。淀粉来自两个部分:直链淀粉,比较不易溶解,含有一种磷酸酯,产生一种糊,遇碘变紫;直链淀粉,比较易于溶解,不含磷质,不生糊,遇碘变蓝。玉米淀粉中支链淀粉15%,直链淀粉85%。

（2）用途　玉米淀粉由于爽身粉、爽脚粉、干性香波、眼线膏、睫毛膏等化妆品中,医药配方中作黏合剂、填充剂和分散剂。

2. 汉生胶(xanthan gum)

又称 黄原胶。

汉生胶是由 D - 葡萄糖、D - 甘露糖及 D - 葡萄酸醛酸组成的多糖类高分子化合物。

(1)性质 浅黄色至浅棕色粉末,稍带臭。易溶于冷、热水中,呈中性,遇水分散、乳化变成稳定的亲水性黏稠胶体。黏度不受温度影响,0~100℃范围内,黏度为 1~0.9Pa·s。温度不变时受单纯机械搅拌性冲击会出现溶胶或凝胶的可逆性变化现象,搅拌则黏度下降,静置则黏度升高。对酸和盐稳定,添加食盐,黏度升高。耐冻结和解冻,不溶于乙醇。

(2)用途 汉生胶在化妆品中用作稳定剂、增稠剂、乳化剂、悬浮剂及泡沫增强剂。

3. 瓜尔豆胶(guar gum)

(1)性质 白色至浅黄褐色自由流动的粉末,接近无臭。能分散在热或冷的水中形成黏稠液,1%水溶液的黏度为 4~5Pa·s,为天然胶中黏度最高者。添加少量四硼酸钠则转变成凝胶。

(2)用途 瓜尔豆胶化妆品乳状液中用作稳定剂和黏度调节剂。

4. 阿拉伯胶(arabic gum)

(1)性质 为无色至淡黄褐色半透明块状,或为白色至淡黄色粒状或粉末,无臭、无味。在水中逐渐溶解或呈酸性的黏稠液体,不溶于乙醇。与明胶或清蛋白形成稳定的凝聚层,用酸性醇使其沉淀,则得游离阿拉伯酸。

(2)用途 在化妆品中用作乳化剂、增稠剂和保护胶体等。

5. 角叉胶(carrageenan)

又称 卡拉胶,角叉菜胶。

(1)性质 角叉胶主要由半乳糖及脱水半乳糖所组成的多糖类硫酸酯的钙、钾、钠、铵盐。白色或浅褐色颗粒或粉末,无臭或微臭,口感黏滑。溶于约80℃的水,形成黏性、透明或轻微乳白色的易流动溶液。先用乙醇、甘油或饱和蔗糖水溶液浸湿,则较易分散于水中。与蛋白质反应起乳化作用,使乳化液稳定。

(2)用途 角叉菜胶具有形成亲水胶体、凝胶、增稠、乳化、成膜、稳定分散体等特性,因而广泛应用于洗涤剂、润肤剂、乳化剂等日化工业及食品工业、生化、医药研究领域等。

6. 黄耆胶(tragacanth gum)

又称 龙须胶,黄芪胶。

(1)性质 黄芪胶以高分子质量多糖类为主,由半乳阿拉伯聚糖及含有半乳糖醛酸基团的酸性多糖类组成。白色至浅黄色、半透明、角质组织、具有短裂痕,无臭无味。加热至50℃更易粉碎,不溶于乙醇,难溶于水,60%乙醇水溶液中不溶胀,但其中部分黄芪胶糖易吸水泡涨成凝胶状物质。

(2)用途 黄芪胶用作稳定剂、增稠剂、黏胶剂等,用于食品、化妆品、印染、制革及作为胶合增稠剂用于牙膏和发浆等产品。

7. 淀粉(starch)

(1)性质 白色粒状或粉末,主要成分为碳水化合物,其淀粉85.11%,水分13.31%,粗蛋白质1.2%,灰分0.37%,粗脂肪0.01%,粗纤维微量。微溶于冷水,在热水(50℃)中能膨胀,到一定温度(58~77℃)会破裂糊化。遇碘溶液呈蓝色反应,加热即消失,冷后又成蓝色。容易受酸、高温或淀粉酶作用而水解成糊精,再进一步水解转化为葡萄糖而失去黏着力。在烧碱溶液作用下充分膨化成黏度很大、黏着力很强的白色透明胶体物,称碱化淀粉糊。在淀粉中,直链淀粉容易水解,黏度及渗透性不及支链淀粉,决定黏度大小性能的主要是直链淀粉。不溶于冷水、酒精和乙醚。

（2）用途　用作制药填充剂、制葡萄糖、糊精的原料,在化妆品中用于香粉类,作为粉剂的一部分,在牙膏和胭脂内可用作胶合剂。

8. 琼脂（agar）

又称　琼胶,冻粉。

（1）性质　半透明白色至浅黄色薄膜带状或碎片、颗粒及粉末,无臭或稍有特殊臭味,口感黏滑,不溶于冷水,溶于沸水。含水时带韧性,干燥时易碎。在冷水中吸收20倍的水膨胀,溶于热水中后,即使浓度（5%）很低,也能形成坚实的凝胶。浓度0.1%以下,则不能胶凝而成为黏稠液体。1%的琼胶溶液于32~42℃凝固,其凝胶具有弹性,熔点为80~96℃。

（2）用途　用作增稠剂、稳定剂、乳化剂、胶凝剂,其中包括用于食品增稠剂,药品增稠剂、胶黏剂、蚕丝上浆剂及细菌培养基、固定化酶载体、细菌的包埋材料和电泳介质。

9. 紫胶（shellac）

又称　虫胶。

（1）性质　紫胶主要成分为:紫胶酮酸40%,紫胶酸40%,虫胶蜡酸2%等。紫胶为暗褐色透明薄片或粉末,脆而坚硬,无味,稍有特殊气味。不溶于水,乙醚中可溶解5%~15%,溶于碱性水溶液、乙醇。

（2）理化常数　熔点115~120℃,软化点70~80℃,密度1.02~1.12g/cm³。

（3）用途　紫胶用于上光被膜剂。

10. 海藻酸钠（sodium alginate）

又称　藻蛋白酸钠,藻朊酸钠。

（1）性质　海藻酸钠为白色或淡黄色粉末,几乎无臭无味。有吸湿性,不溶于乙醇、乙醚、氯仿（pH<3）,溶于水成黏稠状胶状液体,1%水溶液pH为6~8。在pH为6~9时黏性稳定,加热到80℃时黏性降低。海藻酸钠的水溶液与钙离子接触时成海藻酸钙而形成凝胶,但添加草酸盐、氟化物、磷酸盐等可抑制其凝固效果。

（2）用途　海藻酸钠在化妆品中用于胶合剂、悬浮剂、增厚剂、乳化剂及纺织助剂和止血剂等。

二、动物性胶质原料

明胶（gelatin）

又称　白明胶,动物明胶。

（1）性质　明胶属于天然蛋白质,一般是白色或淡黄色透明至半透明有光泽的脆性薄片或粉粒,几乎无臭、无味。不溶于冷水,但能吸收5~10倍质量的冷水而膨胀软化。可溶于热水,冷却后形成凝胶。不溶于乙醇、乙醚、氯仿及其他极性有机溶剂,可溶于甘油、丙二醇等多元醇的溶液及乙酸、水杨酸、苯二甲酸等溶液中。明胶的凝固力比琼胶弱,浓度5%不凝固。10%~15%的溶液形成凝胶,溶解温度与凝固温度相差很少,约30℃溶解,20~25℃时凝固,其凝胶比琼胶柔软,富有弹性。其水溶液长时间煮沸,因分解而性质发生变化,冷却后不再凝胶。

(2)用途 明胶用于增稠剂、稳定剂、澄清剂、发泡剂。明胶是亲水性胶体,具有保护胶体的性质,可作为疏水胶体的稳定剂、乳化剂。明胶是两性电解质,在水溶液中可将带电微粒凝结成块,因此可用作澄清剂。在化妆品中,明胶属动物亲水性天然高分子物质,多用作黏液质。可用于乳膏和乳液中,提高乳化、分散作用,特别是含有无机粉末底料等分散体和乳液具有稳定化作用,还有增黏、胶化功能。

三、半合成水溶性高分子化合物原料

半合成水溶性高分子化合物原料包括甲基纤维素、乙基纤维素、羟甲基纤维素钠、羟乙基纤维素、羟丙基纤维素、聚纤维素醚季铵盐等。

1. 甲基纤维素(methyl cellulose)

又称 纤维素甲醚,MC。

(1)性质 白色颗粒或粉末,无臭无味。不溶于醇、醚、氯仿及热水,缓溶于冷水并膨胀成透明黏性胶状液体,溶于冰乙酸。在225℃以下很安全,光照安全,遇火燃烧。

(2)用途 甲基纤维素在化妆品中用作增稠剂、胶黏剂、成膜剂等。

2. 乙基纤维素(ethyl cellulose)

又称 纤维素乙醚,ED。

(1)性质 乙基纤维素是一种白色无臭无味细粉末状态的热塑型纤维素醚树脂,不溶于水,可溶于各种有机溶剂。被膜强韧,在较低温度下仍能保持充分柔软的特性。化学稳定,难燃。

(2)理化常数 密度1.14g/cm³,软化点135~155℃,熔点165~185℃。

(3)用途 乙基纤维素在化妆品中用作成膜剂、增稠剂等。

3. 羧甲基纤维素钠(CMC—Na)

又称 纤维素乙醇钠,碱纤维素。

(1)性质 羧甲基纤维素钠是一种白色或淡黄色粉末或粒状纤维状物,无臭、无味、无毒,易吸湿,对光热稳定。取代度对产品的黏度及性质均有影响。取代度在1.2以上的产品能溶于有机溶剂中,取代度为0.4~1.2的产品能溶于水而成为透明的黏性液体,呈中性或微酸性,具有良好的分散力与结合力,可作强力乳化剂,使用较广泛。取代度在0.4以下,能溶于碱溶液中。取代度增大,溶液透明度及稳定性也越好。

(2)用途 羧甲基纤维素钠分为特高黏度性型、高黏度性型、中黏度性型、低黏度性型,在化妆品中用于乳状液、悬浮体系,起胶体保护作用,提高稳定性。常加到化妆打底用产品中,在乳状液化妆品还起到增黏、增稠作用,在喷发剂、发型固定剂、护发素、发膏、面膜中起成膜作用,在饼状化妆品中起黏合作用。还与保湿剂一起在化妆品中起保湿作用,防止皮肤和化妆品中水分流失。在洗涤剂中加入,主要防止污垢再沉积,提高洗涤剂的起泡能力、泡沫稳定性、扩散力,降低表面活性剂对皮肤的刺激,使洗涤后的衣物具有柔和的感觉,对织物有上浆作用及保护纤维不受漂白剂伤害的作用。

4. 羟乙基纤维素（hydroxyethyl cellulose）

又称　HEC。

（1）性质　白色至淡黄色纤维状或粉状固体，无毒无味，易溶于冷水和热水，不溶于大多数有机溶剂。

（2）用途　羟乙基纤维素对电介质具有异常好的盐溶性，同时具有增稠、悬浮、黏合、乳化、分散、保持水分等性能，可制备不同黏度范围的溶液。

5. 羟丙基纤维素（hydroxypropyl cellulose）

又称　HPC。

（1）性质　白色细小结晶性粉末，无臭无味。由可以自由流动的、非纤维颗粒组成，并可由自身黏合作用而压缩成可在水中迅速分散的片剂。不溶于水、稀酸、稀碱溶液和大多数有机溶剂，可吸水胀润。

（2）用途　羟丙基纤维素在化妆品、农药合成纤维方面用于抗结剂、乳化剂、黏结剂、崩解剂、分散剂、压片剂。

6. 聚纤维素醚季铵盐（polymet – cc – JR400）

（1）性质　聚纤维素醚季铵盐（Polymet – cc – JR400）是一种阳离子纤维树脂，是白色或微黄色的颗粒性粉末。它能迅速分散并溶解在水或水 – 醇溶液中，形成一种澄清透明的溶液。聚纤维素醚季铵盐作为阳离子纤维树脂具有阳离子的特性，因此对蛋白质有牢固的附着力，能形成透明的无黏性薄膜。

（2）用途　聚纤维素醚季铵盐易与阴离子表面活性剂混合，能牢固的附着于头发上，应用于洗发乳和液体香皂中，提高其调理性能。使用后，能使头发长时间地保持光泽、柔软。

四、合成水溶性高分子化合物原料

合成水溶性高分子化合物聚乙烯醇、聚乙烯吡咯烷酮、聚丙烯酸钠、聚氧乙烯、乙烯基吡咯烷酮、卡波树脂。

1. 聚乙烯醇（polyvinyl alcohol）

又称　PVA。

（1）性质　聚乙烯醇是白色或微黄色絮状、片状、粉末状或颗粒状固体，通常是水溶性聚合物，但在水中的溶解度受残存于分子中乙酸根量的影响。残存乙酸 >5% 时，能溶解在常温水中；残存乙酸 <5% 时，不溶于冷水，但溶于 65～70℃ 的热水中。聚乙烯醇水溶液浓度 1%～5% 时，在室温下长时间放置或长时间加热，黏度不下降，无解聚现象。浓度较高时，静置后可出现凝胶，加热可使凝胶消失，变成均一溶液。聚乙烯醇水溶液遇硼砂、明矾、甲醛等时，黏度急剧增大，并凝聚成凝胶。在聚乙烯醇水溶液中加入硫酸钠或硫酸钾、硫酸铵等盐的饱和溶液后，可使聚乙烯醇析出。聚乙烯醇与阿拉伯胶、蛋白质一样，能起保护胶体的作用。聚乙烯醇能溶于热的二元醇、丙三醇、甲酰胺乙酰苯胺、苯酚等的溶剂中形成透明溶液，但这种溶液冷后易变成凝胶。

（2）用途　在化妆品和合成洗涤剂工业中，它的乳化作用、黏合性、成膜性、增稠性和污垢抗再沉积作用，得到广泛应用。部分水解的聚乙烯醇可用来配制天然油、脂肪和蜡的稳定乳状液,聚乙烯醇,可配制冷霜、洗衣膏、刮脸膏和面部化妆品等。

2. 聚乙烯吡咯烷酮(polyvinyl pyrrolidone)

又称 PVP,聚-N-乙烯基丁内酰胺。

(1)性质 聚乙烯吡咯烷酮是白色粉末或透明溶液,无臭无味。可溶于水、乙醇、胺、硝基烷烃及低分子脂肪酸等,与种多无机盐、树脂相容,不溶于乙醚、丙酮。聚乙烯吡咯烷酮在通常条件下稳定,加热至100℃无变化,分子质量20000～80000u,黏度范围20～90Pa·s。有成膜性和吸湿性,其薄膜无色透明,硬而光亮。聚乙烯吡咯烷酮有很强的黏结能力,极易被吸附在胶体粒子表面而起到保护胶体的作用。无毒,对皮肤、眼睛无刺激,无过敏反应,具有优良的生理惰性和生理相容性。

(2)用途 在合成洗涤剂中做防止再污染剂,在化妆品中用作发型保持剂,它能在头发上形成富有弹性和光泽的薄膜,使头发梳理性好,耐候性好,是定型发乳、发胶、摩丝的原料。也可用于护肤剂、脂膏基料、染发剂的分散剂、泡沫稳定剂,以及改善洗发乳的稠度等。

3. 聚丙烯酸钠(sodium polyacrylate)

又称 PAAS。

(1)性质 聚丙烯酸钠是无色或淡黄色黏稠液体,弱碱性,可电离,具有良好的阻垢分散性。

(2)用途 聚丙烯酸钠可用于循环冷却水处理及其他水处理过程,与磷酸盐等药剂复合使用,具有协同效应。

4. 聚氧乙烯(polyethylene oxide)

(1)性质 聚氧乙烯是白色粉末,软化点65～67℃。为水溶性,溶液的pH呈中性或弱碱性。毒性很低,对皮肤也无刺激。

(2)用途 聚氧乙烯主要用于造纸黏合剂及在化妆品中用于胶合剂、增稠剂和成膜物质。

5. 卡波树脂(carbopol resin)

(1)性质 卡波树脂是经交联的丙烯酸聚合物系列产品,松散的白色微酸性粉末,是一种水溶性增稠树脂。其增稠效率高,在低浓度下有很高的黏度,均质性能好,贮存寿命长,抗菌性强。

(2)用途 卡波树脂可用作优良的悬浮剂、乳化剂、高级化妆品的透明基质及药品辅料基质,也是最有效的水溶性增稠剂。

五、无机胶质原料

1. 硅酸镁铝(magnesium aluminum silicate)

又称 veegum。

(1)性质 硅酸镁铝是一种白色小型片状或粉状的复合胶态物质,无臭无味,质柔而滑爽,无毒无刺激性,不溶于水或醇,在水中可膨胀成较原来体积大许多倍的胶态分散体。硅酸镁铝的膨胀性,它能在水中分散,也可以干燥和重新水合。当硅酸镁铝分散于水中时,形成胶态溶胶和凝胶,该水分散体系的黏度随含量不同而变化。

（2）用途　硅酸镁铝是良好的乳液稳定剂，悬浮剂。有机胶与硅酸镁铝结合能发挥两者的最佳特性，可用于不同粉状如滑石粉、颜料和药剂等的黏合，是片剂的崩解剂。也是亲水性胶体，有假塑性流动性能，是膏霜、乳液洗发膏、护发用品的黏度改性剂和增稠剂，它可以悬浮和分散粉状颜料，可使产品得到最佳色泽，组织细腻光滑。它用作牙膏的增稠剂，可与 CMC 配合使用改变牙膏的触变性和分散性。

2. 膨润土（bentonite）

又称　膨土岩，斑脱岩。

（1）性质　膨润土是一种以蒙脱石为主要矿物成分的黏土岩，为白色或淡黄色，具蜡状、土状或油脂光泽。膨润土有的松散如土，也有的致密坚硬。按蒙脱石可交换阳离子的种类含量和层电荷大小，膨润土可分为钠基膨润土、钙基膨润土、天然漂白土，其中钙基膨润土又包括钙钠基和钙镁基。膨润土具有强的吸湿性和膨胀性，可吸附 8～15 倍于自身体积的水量。

（2）用途　膨润土可用作黏结剂、吸附剂、填充剂、触变剂、絮凝剂、洗涤剂、稳定剂、增稠剂等，用作化肥、杀菌剂和农药的载体，橡胶和塑料的填料，合成树脂的油墨防沉降助剂，颜料和原浆涂料的触变和增稠，日用化学品的添加剂。还广泛应用于石油、冶金、铸造、机械、陶瓷、建筑、造纸、纺织和食品等。

六、胶质原料的应用

胶质原料是水溶性的高分子化合物，它在水中能膨胀成胶体，应用于化妆品中会产生多种功能，可使固体粉质原料黏和成型；作为胶合剂，对乳状液或悬状剂起到乳滑作用；作为乳化剂，还具有增稠或凝胶化作用，常用于洗发乳、乳液、啫喱等化妆品产品中。

例如，消毒啫喱的制备。

消毒啫喱液也叫做免水消毒洗手液或即时洗手消毒液，主要成分是乙醇（70%～75% 的乙醇溶液杀菌能力最强，常用作消毒剂），其他成分还有维生素 E、黏度调节剂、甘油、芦荟精华等。在手上涂抹后，醇类能快速将微生物浸湿穿透而杀灭，作用速度最快，在 10s 内可杀死 99.96% 以上的微生物，并能长时间保持手部润滑，同时通过乙醇的快速挥发性能，消毒后无需再用水冲洗。消毒啫喱液的主要成分及效果如表 3–10 所示。

表 3–10　　　　　　　　　　　消毒啫喱液的主要成分及效果

成分	作用
乙醇	广泛的消毒杀菌效果
卡波 941/黄原胶/魔芋胶/果胶	0.5% 溶液为凝胶状，用作增稠剂
甘油	强保湿效果（双重保湿效果）
芦荟	细胞再生，消毒，镇静刺激效果

消毒啫喱的制备步骤如下。

①配制 0.5% 的卡波 941 溶液（或 0.5% 黄原胶或 0.5% 魔芋胶或 0.5% 果胶），溶胀 2d，提前配制。

②配制质量分数为75%的乙醇溶液及10%的三乙醇胺溶液。

③取15~20mL卡波941溶液(或0.5%黄原胶或0.5%魔芋胶或0.5%果胶),滴加10%三乙醇胺溶液(1~2mL),调pH为6.5~7,注意不可至碱性。

④加40~70mL 75%的乙醇溶液,边加边搅注意其黏度,搅拌至无色黏稠透明状后,验证其pH是否为6.5~7。

⑤加适量甘油、适量香精、适量芦荟凝胶(2~5mL),搅拌均匀即得到消毒啫喱。

消毒啫喱保存的注意事项:

①控制所制备消毒啫喱pH为6.5~7,否则会损伤皮肤。

②不要换容器,以免造成原液污染。

③避免接近火源及阳光直射。

第四章　溶剂和表面活性剂原料

第一节　溶剂在化妆品的作用

溶剂性原料在化妆品的配方中除了溶解作用外,还具有挥发、分散、赋形、增塑、保香、防冻、收敛等作用。所以,溶剂性原料是许多制品配方中不可缺少的组成部分。

第二节　化妆品常见的溶剂原料

化妆品常见的溶剂原料有乙醇、丙醇、异丙醇、异丁醇、乙二醇、1,2-丙二醇、环己烷、二氯二氟甲烷、四氟二氯乙烷、乙二醇单乙醚、二甘醇单乙醚、丙酮、甲基异丁基酮、乙酸乙酯、乙酸丁酯、乙酸戊酯、邻苯二甲酸二丁酯、甲苯、二甲苯。

1. 乙醇(ethanol)

又称　酒精。

(1)性质　无色透明易燃易挥发液体,有酒的气味和刺激性辛辣味,溶于水、甲醇、乙醚和氯仿,可以溶解许多有机化合物和无机化合物。具有吸湿性,能与水形成共沸物,爆炸极限为 4.3% ~19.0%。

(2)理化常数　密度 $0.7893g/cm^3$,沸点 78.32℃,熔点 -117.3℃,闪点 14℃,折射率 1.3614。

(3)用途　乙醇是重要的基础化工原料之一,广泛用于等氯乙醇、乙醚、乙醛、乙酸、乙酸乙酯等基础有机原料,各种有机磷杀虫剂、杀螨剂等农药,及医药、橡胶、塑料、人造纤维、洗涤剂等化工产品的生产。作为重要的有机溶剂,用于油漆、染料、医药、油脂等工业生产。

2. 丙醇(propanol)

又称　1-丙醇。

(1)性质　无色透明液体,有类似乙醇的气味。

(2)理化常数　密度 $0.80375g/cm^3$,沸点 97.15℃,爆炸极限 2.1% ~13.5%,折射率 1.38556。

(3)用途　丙醇主要用作溶剂和有机合成中间体。

3. 异丙醇(isopropanol)

又称　2-丙醇。

(1)性质　异丙醇是无色透明可燃性液体,有似乙醇的气味,与水、乙醇、乙醚、氯仿混合互溶。

(2)理化常数　密度 $0.7855g/cm^3$,熔点 -88.5℃,沸点 82.45℃,自燃极限 2.02% ~7.99%,折射率 1.3772。

（3）用途　异丙醇是工业上较便宜的溶剂,能与水自由混合,对亲油性物质的溶解力比乙醇强,应用范围广。

4. 异丁醇（isobutyl alcohol）

又称　2-甲基-1-丙醇。

（1）性质　无色透明液体,有特殊气味,与乙醇、乙醚混溶,溶于20倍的水。

（2）理化常数　密度 $0.806g/cm^3$,熔点 $-108℃$,沸点 $108.1℃$,闪点 $27.5℃$,折射率 1.3976,爆炸下限 1.68%。

（3）用途　异丁醇由于处于亲水、亲油溶剂的中间位置,能起到溶剂的作用。而且具有弱的表面活性,可降低水溶液的表面张力。在工业洗涤中,常常单独使用或与其他溶剂混合使用。

5. 乙二醇（ethylene glycol）

又称　甘醇。

（1）性质　无色透明黏稠液体,味甜,具有吸湿性,易燃。几乎不溶于苯及其同系物、氯代烃、石油醚和油类,微溶于乙醚,与水、低级脂肪族醇、甘油、乙酸、丙酮及其同类、醛类、吡啶及类似的煤焦油碱类混溶。

（2）理化常数　密度 $1.1088g/cm^3$,沸点 $198℃$,闪点 $116℃$,折射率 1.4318。

（3）用途　乙二醇作为溶剂可降低水溶液冰点,故常用作防冻剂。

6. 1,2-丙二醇（1,2-propylene glycol）

又称　α-丙二醇。

（1）性质　无色黏稠稳定的吸水性液体,几乎无臭无味,易燃,低毒。与水、乙醇及多种有机溶剂混溶。

（2）理化常数　密度 $1.0381g/cm^3$,沸点 $187.3℃$,闪点 $99℃$,熔点 $-60℃$,黏度（20℃）$60.5mPa\cdot s$,折射率 1.4326,自燃点 $415.5℃$。

（3）用途　1,2-丙二醇能溶解一定量的油脂类,可作为食品添加剂加到食品中,及作为工业洗涤溶剂用作航空发动机的洗洁剂等其他许多工业用途。

7. 环己烷（cyclohexane）

（1）性质　环己烷在常温下为无色液体,具有刺激性气味,可燃。不溶于水,溶于乙醇、丙酮和苯。

（2）理化常数　密度 $0.77855g/cm^3$,凝固点 $6.554℃$,沸点 $80.738℃$,爆炸极限 $1.31\%\sim8.35\%$,折射率 1.42,闪点 $-18℃$。

（3）用途　环己烷溶解力与己烷、苯相似,毒性比苯小,可用作其替代品,及在工业洗涤剂中作脱油脂剂、油漆涂层剥离剂等。

8. 二氯二氟甲烷（dichlorodifluoromethane）

又称　氟利昂-12。

（1）性质　二氯二氟甲烷是无色、无味、无腐蚀的不燃气体,溶于水及多数有机溶剂。

（2）理化常数　密度 $1.486g/cm^3$,熔点 $-158℃$,沸点 $-29.8℃$。

（3）用途　二氯二氟甲烷常用于生产制冷剂、灭火剂、杀虫剂及气溶胶推进剂等,也是氟树脂的原料和溶剂。

9. 四氟二氯乙烷(tetrafluorodichloroethane)

又称　氟利昂－114。

(1)性质　四氟二氯乙烷是无色、不燃性透明液体,无毒,微溶于水。

(2)理化常数　密度 1.456g/cm³,凝固点 -94℃,沸点 3.77℃。

(3)用途　四氟二氯乙烷用作制冷剂、气溶胶推进剂,泡沫聚合体起泡剂及介电气体等。

10. 乙二醇单乙醚(ethylene glycolmonocthyl ether)

又称　羟乙基—乙基醚。

(1)性质　乙二醇单乙醚是无色液体,几乎无臭。可与水、乙醇、乙醚、丙酮及液体脂类混溶,能溶解油类、树脂及蜡等。

(2)理化常数　密度 0.7145g/cm³,沸点 135℃,凝固点 -70℃,闪点 49℃,折射率 1.4060。

(3)用途　乙二醇单乙醚可用作硝基赛璐珞、假漆,天然和合成树脂的溶剂,洗涤剂用溶剂。

11. 二甘醇单乙醚(diethylene glycolmonoethyl ether)

又称　二乙二醇单乙醚。

(1)性质　二甘醇单乙醚是无色,具吸水性液体,有令人愉快的气味,微呈黏稠状。可与丙酮、苯、氯仿、吡啶、乙醇、乙醚等混溶。

(2)理化常数　密度 0.988g/cm³,沸点 195 ~ 202℃,闪点 96.1℃,折射率 1.425。

(3)用途　二甘醇单乙醚为优良溶剂,能溶解染料、硝化棉和树脂。也可作织物染料、塑料等原料及用于有机合成和化妆品中指甲油原料。

12. 丙酮(acetone)

(1)性质　丙酮是最简单的饱和酮,无色易挥发易燃液体,微有香气。能与水、甲醇、乙醇、乙醚、氯仿和吡啶混溶,能溶解油、脂肪、树脂和橡胶。

(2)理化常数　密度 0.7848g/cm³,熔点 -94.6℃,沸点 56.1℃,闪点 -16℃,爆炸极限 2.15% ~ 13%,折射率 1.3588。

(3)用途　丙酮是重要的有机合成原料和溶剂,也可作为稀释剂、洗涤剂及维生素、激素类的萃取剂。

13. 甲基异丁基酮(methyl isobutyl ketone)

又称　4－甲基－2 戊酮。

(1)性质　甲基异丁基酮是无色液体,有清香气味。溶于水、乙醇、乙酸、苯、乙醚和氯仿等,有刺激性和毒性。

(2)理化常数　密度 0.8042g/cm³,沸点 116.8℃,熔点 -84.7℃,折射率 1.39622。

(3)用途　甲基异丁基酮主要用作溶剂,可溶解硝酸纤维素、油漆、纤维素醚、樟脑、油脂、树脂等,也用于工业中石蜡的分离。在化妆品中用于制造指甲油,在指甲油中作为中沸点溶剂,赋予指甲油以铺展性,抑制模糊感。

14. 乙酸乙酯(ethyl acetate)

又称　醋酸乙酯。

（1）性质　乙酸乙酯是无色透明液体,有水果香味。易挥发,易燃。微溶于水,溶于乙醇、甘油、氯仿、丙酮、丙二醇、乙醚、苯。能溶解油脂、樟脑、硝化纤维。

（2）理化常数　密度 0.9005g/cm³,沸点 77.1℃,熔点 −83.6℃,闪点 −4.4℃,爆炸极限 2.2%~11.2%。

（3）用途　乙酸乙酯用作清漆、油墨、人造革、硝酸纤维素塑料等的溶剂和喷漆等的稀释剂。

15. 乙酸丁酯（n – butyl acetate）

又称　醋酸丁酯。

（1）性质　乙酸乙酯是无色透明有果子香味的可燃液体。微溶于水,溶于丙酮,可与乙醇、乙醚任意混合。能溶解油脂、樟脑、树脂、松香、人造树脂等。

（2）理化常数　密度 0.8825g/cm³,沸点 126.5℃,熔点 −77.9℃,折射率 1.3941。

（3）用途　乙酸丁酯是良好的有机溶剂,用于清漆、人造革、医药、香料等工业中,在化妆品中可在指甲油中用作溶剂,还可作稀释剂、萃取剂、脱水剂等。

16. 乙酸戊酯（amyl acetate）

又称　乙酸戊酯,乙酸正戊酯。

（1）性质　乙酸戊酯是无色液体,有香蕉气味。微溶于水,可与醇、醚混溶。

（2）理化常数　密度 0.879g/cm³,熔点 −70.8℃,沸点 148.4℃,爆炸极限 1.1%~7.5%。

（3）用途　乙酸戊酯作为溶剂,可用于涂料、香料、化妆品、木材黏结剂,也用于人造皮革加工、纺织加工、胶卷、火药制造等。在化妆品中用于指甲油等产品中,在医药上用于青霉素萃取剂。

17. 邻苯二甲酸二丁酯（dibutyl phthalate）

又称　DBP。

（1）性质　邻苯二甲酸二丁酯是无色、不挥发、无毒、稳定的油状液体,几乎不溶于水,易溶于醇、醚、丙酮和苯。

（2）理化常数　蒸汽气压（200℃）1.58kPa;闪点 172℃;熔点 −35℃;沸点 340℃;水中溶解度 0.04%（25℃）。

（3）用途　邻苯二甲酸二丁酯用作增塑剂、溶剂、润滑剂、香料定香剂、杀虫剂及在指甲油中用作增塑剂。

18. 甲苯（toluene）

又称　苯基甲烷。

（1）性质　甲苯是无色、易燃液体,有类似苯的气味。不溶于水,溶于乙醇、苯、乙醚。

（2）理化常数　密度 0.866g/cm³,熔点 −94.5℃,沸点 110.7℃,闪点 4.44℃,爆炸极限 1.27%~7%,折射率 1.497。

（3）用途　甲苯是基本有机合成原料之一及多种用途的溶剂,如在液体油墨和指甲油中作稀释剂。与真溶剂配合使用可增大对树脂的溶解能力,并可以调整使用感觉。

19. 二甲苯（xylene）

（1）性质　二甲苯包括邻二甲苯、间二甲苯、对二甲苯三种异构体,一般是三种异构体的混合物,称作混合二甲苯,以间二甲苯含量较多。无色透明易挥发的有毒液体,有芳香气味。不溶于水,溶于乙醇和乙醚。

（2）理化常数　密度 0.86g/cm³,熔点 −47.9℃,沸点 139℃,闪点 25℃。

（3）用途　混合二甲苯主要用作油漆涂料的溶剂、航空汽油的添加剂及在液体油墨中、指甲油中作稀释剂。与真溶剂配合使用增大对树脂的溶解能力,并可以调整使用感觉。

第三节　表面活性剂的性质及分类

表面活性剂在化妆品中通常称为"乳化剂",是一种能使油脂和蜡与水制成乳化体的原料。它能使油、水分散体系保持均一稳定性。溶液中的溶质吸附在气体 − 液体、液体 − 液体或液体 − 固体的表面,能将这些表面性质显著改变的作用称为"表面活性"或"界面活性"。

根据来源不同,可将乳化剂分为天然乳化剂和合成乳化剂两大类。天然乳化剂有阿拉伯胶、西黄蓍胶、海藻酸钠、白芨胶、明胶、羊毛脂、胆甾醇等。合成的乳化剂有硬脂酸钾、十二醇硫酸钠等阴离子型乳化剂、十六烷基三甲基溴化铵、十八烷基三甲基氯化铵等为阳离子型乳化剂、十二烷基二甲基甜菜碱等为两性离子型乳化剂。单硬脂酸甘油酯、斯盘（Span）系列乳化剂、吐温（Tween）系列乳化剂是现代化妆品乳化剂中比较常用的乳化剂,在化妆品中的用量虽不是很多,但起着极其重要的作用。

乳化剂结构中同时包含亲油基团和亲水基团。它又分为阴离子型表面活性剂、阳离子型表面活性剂、两性离子型表面活性剂及非离子型表面活性剂等四类。

表面活性剂有乳化、增溶、润湿、分散、洗涤外,还有保湿、杀菌、润滑、抗静电、柔软和发泡等作用,因此表面活性剂均可做乳化剂。表面活性剂广泛应用于化妆品的乳化、发泡、湿润、分散、增溶、杀菌、抗静电等方面,它为现代化妆品工业发展和技术进步作出了很大的贡献。

将油相和水相不互溶的物质进行混合,使其中的一相物质在另一相物质中呈现出均匀稳定的分散状态叫做乳化作用,简称为乳化。一般说来,要想制得均匀稳定的油水乳化体,必须选用适量的乳化剂。事实上很大一部分化妆品,如雪花膏、冷霜、清洁霜、按摩霜、防晒霜、去斑霜、蜜类化妆品都是油水两相物的乳化体。因此,乳化是制作膏霜类化妆品的重要技术,乳化作用在化妆品工业生产中占有相当重要的地位。

将油相和水相互不相溶的物质进行混合,乳化后的机械混合液称为乳液、乳剂或乳化体。乳化体最基本的类型有水包油（O/W）型和油包水（W/O）型两大类。

乳化时油相均匀地分散于水相中得到的乳化体为 O/W 型乳化体。该乳化体的形成过程是油相物先形成极微小的球状颗粒（0.1～10μm）,外表被水相物所包裹。此时油相做微颗粒的核心,是内相或分散相,水是外相或连续相。

乳化时水相均匀地分散于油相中得到的乳化体为 W/O 型乳化体。该乳化体的形成过程是水相物先形成极微小的球状颗粒（0.1～10μm）,外表被油相物所包裹,此时水相做微颗粒的核心是内相或分散相,油是外相或连续相。

自 20 世纪 80 年代以来随着美容事业的发展,在一些发达的国家美容院中有人建立了"化妆品调配实验室",以便根据每一位顾客皮肤存在的问题,由化妆品调配师或美容师现场调配和制作带有特殊功效的化妆品,用于问题性皮肤的顾客,这样可以提高皮肤护理的效果。这项技术与化妆品中的乳化剂有密切的关系,因为美容院不具备生产化妆品的条件,要想解决该项技术必须使用一种特殊的乳化剂,在没有温度和速度要求的情况下生产和调配出化妆品的膏霜、乳液、面膜等类型的产品。这种乳化剂是一种乳液的增稠、乳化和稳定剂。是中性聚合物的冷乳化剂,由聚丙烯酰胺(polyacrylamide)等物质组成,产品外观呈白色液状,可以在极宽的 pH 范围内使用,pH 为 3 ~ 9 均可使用,其特点是性质稳定、操作简便,易于在美容院及医院皮肤科门诊使用。在现场调配中使用时无需预先溶涨、分散、中和,立即可增稠。化妆品中的推荐用量为 2% ~ 3%。

第四节　化妆品中常见的表面活性剂原料

一、阴离子表面活性剂

阴离子表面活性剂 $C_{12~14}$ 脂肪醇硫酸铵、C_{12} 脂肪醇聚氧乙烯醚硫酸铵、十二烷基硫酸二乙醇胺盐、十二烷基硫酸三乙醇胺、脂肪醇聚氧乙烯醚羧酸盐、$C_{12~14}$ 脂肪醇聚氧乙烯醚羧酸盐、醇醚邻苯二甲酸单酯钠盐、酰化肽、月桂酸一乙醇酰胺硫酸钠、正辛醇聚氧丙烯醚琥珀酸单酯磺酸钠盐、十六醇琥珀酸单酯磺酸钠、磺基琥珀酸单月桂酯二钠、磺基琥珀酸单酯二钠盐 403、AESM、琥珀酸酯 203、脂肪醇聚氧乙烯醚(钠)磺基琥珀酸单酯铵盐、油酰胺磺基琥珀酸单酯二钠盐、N - 酰基谷氨酸钾盐、吡咯烷酮羧酸钠、聚丙烯酸钠、MAP - 1,MAP - 2、醇醚磷酸单酯、醇醚磷酸单酯钾(钠)盐、酚醚磷酸单酯、壬基酚醚磷酸单酯乙醇胺盐、壬基酚醚磷酸单酯胺盐、醇醚磷酸单酯乙醇胺盐、醇醚磷酸单酯胺盐、酚醚磷酸单酯钠(钾)盐、十二(烷)醇聚氧乙烯醚磷酸单混合酯及其盐、乳化剂 HR - S1、邻苯二甲酸单月桂醇酯钠盐、十一(碳)烯酸锌、N - $C_{12~18}$ 酰基谷氨酸钠、N - 月桂酰 L - 天(门)冬氨酸钠、N - 月桂酰 L - 丙氨酸钠、N - 硬脂酰基谷氨酸单钠盐、N - 椰子酰基谷氨酸单钠盐、N - 混合脂肪酰基谷氨酸单钠、长直链烷基芳醚磺酸钠 TH。

1. $C_{12~14}$ 脂肪醇硫酸铵(ammonium $C_{12~14}$ fatty alcohol sulfate)

又称　NAS。

(1)性质　$C_{12~14}$ 脂肪醇硫酸铵是一种淡黄色液体,对人体无毒、无刺激,具有润湿、去污、发泡、乳化、易生物降解等性能。

(2)用途　$C_{12~14}$ 脂肪醇硫酸铵可用作家庭清洁剂、起泡剂,对洗发、护发、去头屑、柔软光滑有特效,是高级香波基料。

2. C_{12} 脂肪醇聚氧乙烯醚硫酸铵(C_{12} fatty alcohol polyoxyethylene ether sulfate monoammonium salt)

又称　NAES。

(1)性质　C_{12} 脂肪醇聚氧乙烯醚硫酸铵是一种淡黄色液体,无毒,对皮肤无刺激性。易溶于水,具有去污、分散和乳化性能。

（2）用途　C_{12}脂肪醇聚氧乙烯醚硫酸铵用作液体洗涤剂的起泡剂、乳化剂，也可用作高级洗发乳及餐具清洁剂的原料，以及具有去头屑，使头发柔软、松散、光滑等功能。

3. 十二烷基硫酸二乙醇胺盐（dicthanolamine dodecyl sulfate）

又称　DLS。

（1）性质　十二烷基硫酸二乙醇胺盐是一种淡黄色液体，溶于水。发泡力大，洗净力强，对皮肤刺激性小。

（2）用途　十二烷基硫酸二乙醇胺盐可用于洗发乳基质，药物和化妆品的乳化剂、胶合剂、分散润湿剂、液体洗涤剂、纺织油剂。

4. 十二烷基硫酸三乙醇胺（triethanolamine dodecyl sulfate）

又称　LTS。

（1）性质　十二烷基硫酸三乙醇胺是一种淡黄色黏稠液体。

（2）用途　十二烷基硫酸三乙醇胺广泛应用于医药、化妆品和各工业领域中，用作洗涤剂、润湿剂、发泡剂及分散剂等。

5. 脂肪醇聚氧乙烯醚羧酸盐（alphatic alcohol – polyoxyethylene ether carboxylic acid sodium salt）

又称　AEC。

（1）性质　脂肪醇聚氧乙烯醚羧酸盐是一种淡黄色液体或膏体，低温水溶性好，没有刺激性，对眼睛和皮肤温和。具有优良的润湿性和渗透性，泡沫丰富且稳定，发泡能力不受水的硬度和介质 pH 的影响。

（2）用途　脂肪醇聚氧乙烯醚羧酸盐作为洗涤剂、发泡剂、乳化剂、凝胶剂、分散剂、润湿剂和印染助剂等广泛应用于工业洗涤剂、化妆品、纺织、印染、皮革、化纤等行业。

6. $C_{12\sim14}$脂肪醇聚氧乙烯醚羧酸盐（sodium $C_{12\sim14}$ fatty alcohol polyoxyethylene ether carboxylate）

（1）性质　$C_{12\sim14}$脂肪醇聚氧乙烯醚羧酸盐是一种浅黄色液体，呈糊状或膏状，无刺激作用。低温水溶性好，有较好的洗涤性、润湿性和渗透性。同时具有优良的抗硬水性和钙皂分散能力，泡沫丰富且稳定，发泡能力不受水的硬度和介质 pH 的影响。

（2）用途　$C_{12\sim14}$脂肪醇聚氧乙烯醚羧酸盐作为洗涤剂、发泡剂、乳化剂、凝胶剂、分散剂、润湿剂和印染助剂等广泛应用于工业洗涤剂、化妆品、纺织、印染、皮革、化纤等行业。

7. 醇醚邻苯二甲酸单酯钠盐（alcohol ether phthalic acid monoester sodium salt）

又称　月桂醇聚氧乙烯醚，醚邻苯二甲酸单酯钠盐，PAES。

（1）性质　醇醚邻苯二甲酸单酯钠盐是一种淡黄色至无色透明液体，具有突出的增溶性和渗透性。

（2）用途　醇醚邻苯二甲酸单酯钠盐可作为护肤化妆品的增溶剂、分散剂、乳化剂及各类洗面奶、浴液、轻洗涤剂的去污剂、渗透剂和发泡剂。

8. 酰化肽（acyl peptide）

（1）性质　酰化肽是一种淡黄色黏稠液体，具有润滑、去污、发泡乳化、分散等性能和蛋白多肽的护肤护发功效，对皮肤和毛发有很强的亲和性。

（2）用途　酰化肽由于配制的洗发乳对受损伤的头发又恢复作用及能够缓冲洗涤液

的 pH 从而减轻对皮肤的刺激,常用于配制洗发乳、头发漂洗剂、护发素、喷发胶、染发水、浴液类、护肤香皂、皮肤清洁用品及膏霜、乳液等护肤化妆品。

9. 月桂酸一乙醇酰胺硫酸钠(dodecanoyl monoethanolamide sulfate sodium salt)

又称 C_{12}6501 硫酸钠。

(1)性质 月桂酸一乙醇酰胺硫酸钠具有良好的表面活性、钙皂分散力、乳化力、泡沫力及去污力。

(2)用途 月桂酸一乙醇酰胺硫酸钠可用作钙皂分散剂、洗涤剂、乳化剂、润湿剂、金属清洗剂、化妆品用分散渗透剂。

10. 正辛醇聚氧丙烯醚琥珀酸单酯磺酸钠盐(polyoxypropylene n-octylether sodium sulfosuccinic acid monoester)

又称 辛醇醚琥珀酸酯。

(1)性质 正辛醇聚氧丙烯醚琥珀酸单酯磺酸钠盐是一种淡黄黏稠液体,对人体的刺激性小,抗硬水能力强,易于生物降解。

(2)用途 正辛醇聚氧丙烯醚琥珀酸单酯磺酸钠盐用作润湿剂,适用于化妆品和洗涤剂。

11. 十六醇琥珀酸单酯磺酸钠(sulfo mono hexadecyl succinate disodium salt)

又称 棕榈醇琥珀酸单酯磺酸钠。

(1)性质 十六醇琥珀酸单酯磺酸钠具有较好的表面活性、起泡性、去污性和乳化性能,但脱脂力较低。

(2)用途 十六醇琥珀酸单酯磺酸钠可作为一种新型发泡剂,在牙膏、洗发膏、洗发乳和餐洗剂中使用。由于去污能力强,用于超浓缩洗衣粉、液体洗衣剂及块状洗涤剂配方中。其乳化性能好,脱脂率低,与皮肤表面作用温和,在护肤护发类化妆品及与皮肤接触的清洗剂的应用。

12. 磺基琥珀酸单月桂酯二钠(disodium monolauryl sulfosuccinate)

又称 琥珀酸酯 201。

(1)性质 磺基琥珀酸单月桂酯二钠在常温下为白色膏体,加热后为透明液体。泡沫丰富,去污力强,脱脂力适中。与其他表面活性剂配伍性好,且有一定的调理性和乳化性。

(2)用途 磺基琥珀酸单月桂酯二钠用于各种乳化性洗发乳、洗面奶,液体洗涤剂配方中。

13. 磺基琥珀酸单酯二钠盐 403(sulfosuccinate 403)

又称 月桂醇聚氧乙烯醚磺基琥珀酸单酯二钠盐。

(1)性质 磺基琥珀酸单酯二钠盐是无色透明黏稠液体,对皮肤、眼睛的刺激性小,发泡性好,有优良的钙皂分散力和抗硬水能力。呈弱酸性,有优良的洗涤、乳化、分散、润湿、增溶等性能。

(2)用途 磺基琥珀酸单酯二钠盐是洗涤剂原料,且适合于配制无色透明洗发乳及其他各种洗涤剂和化妆品。

14. 醇醚磺基琥珀酸单酯二钠盐(alcohol ether sulfo succinate monoester disodium salt)

又称　AESM。

（1）性质　AESM 具有优良的洗涤、乳化、分散、润湿、增溶等性能，且起泡力强、易漂洗、去污能力优异，是表面活性剂中对眼睛和皮肤刺激性最低的品种之一，还能与其他各种表面活性剂复配，改善产品的性能。

（2）用途　AESM 用作净洗剂，作为温和性洗涤剂、浴洗剂、洗发乳和化妆品的原料，及作为乳化剂、柔软剂、分散剂、润湿剂、发泡剂等，并广泛应用于涂料、皮革、造纸、油墨、纺织等行业。

15. 琥珀酸酯 203（sulfosuccinate 203）

又称　磺基琥珀酸单十八酯二钠。

（1）性质　琥珀酸酯 203 在常温下是白色膏体，加热后变为半透明液体，刺激性低，去污力强，脱脂力适中。与其他表面活性剂配伍性好，有一定的调理性，乳化性能良好。

（2）用途　琥珀酸酯 203 适用于各种乳化性洗发乳、膏霜、洗面奶等配方中。

16. 脂肪醇聚氧乙烯醚（钠）磺基琥珀酸单酯铵盐（polyoxyethylene alkyl ether sodiosulfosuccinate monoester ammonium salt）

又称　JHZ‑120 磺基琥珀酸盐。

（1）性质　JHZ‑120 磺基琥珀酸盐是无色透明黏稠液体，发泡性好，生物降解性好。

（2）用途　JHZ‑120 磺基琥珀酸盐是性能温和且价格低廉的阴离子表面活性剂，能有效降低配方中其他表面活性剂对皮肤的刺激性，是化妆品、洗涤用品的原料。

17. 油酰胺磺基琥珀酸单酯二钠盐（disodium oleoylamido sulfosuccinate）

又称　BG‑280 阴离子表面活性剂。

（1）性质　油酰胺磺基琥珀酸单酯二钠盐呈微黄色透明液体，是一种温和、无刺激、无毒性的阴离子表面活性剂。它能增加洗涤用品的黏度，使人体皮肤、毛发感觉特别柔滑舒适。

（2）用途　油酰胺磺基琥珀酸单酯二钠盐用于高级洗发乳、浴剂、金属清洗剂、皮革去污剂、洗面奶等产品中。

18. N‑酰基谷氨酸钾盐（potassium N‑acylglutamate）

又称　AGA 盐。

（1）性质　N‑酰基谷氨酸钾盐是氨基酸类阴离子表面活性剂，其单钠盐水溶液呈弱酸性，具有良好的去垢、抗钙、发泡、乳化性能。二钠盐有良好的分散、润湿、去污能力，对硬水稳定，无毒。

（2）用途　N‑酰基谷氨酸钾盐作为块状洗净剂和洗发乳的基料、洗衣粉添加剂、牙粉起泡剂及润肤霜和雪花膏的乳化稳定剂等。

19. 吡咯烷酮羧酸钠（sodium pyrrolidonecarboxylate）

又称　表面活性剂 PCA‑Na。

（1）性质　吡咯烷酮羧酸钠是无色或微黄色透明无臭液体，极易溶于水、乙醇、丙醇、冰乙酸等。对皮肤、眼睛无刺激，是优良的化妆品保湿剂。

（2）用途　吡咯烷酮羧酸钠用作化妆品保湿剂。

20. 聚丙烯酸钠(sodium polyacrylate)

又称 PAANa。

(1)性质 聚丙烯酸钠有粉状品和液状品两种:粉状品为无色至白色无臭无味粉末,吸湿性强;液状品由无色透明的水溶性树脂状品制成,呈无色透明黏性液体。易溶于氢氧化钠水溶液,在氢氧化钙、氢氧化镁水溶液中沉淀。

(2)用途 聚丙烯酸钠用作蒸汽锅炉内水处理和其他水处理场所的阻垢剂,也可作糖液、饮料等澄清促进剂及化妆品和洗涤剂的原料。

21. 脂肪醇聚氧乙烯醚磷酸单酯(fatty alcohol polyoxyethylene ether phosphate monoester)

又称 MAP-1,MAP-2。

(1)性质 脂肪醇聚氧乙烯醚磷酸单酯具有优良的水溶性,丰富细腻的泡沫,优良的洗涤性能和乳化性能以及优良的抗静电性、柔软性、润滑性、抗硬水性等。

(2)用途 脂肪醇聚氧乙烯醚磷酸单酯广泛应用于配制刺激性低,洗涤性能好,泡沫丰富的洗浴、洗发、洗面等多种洗净产品。

22. 醇醚磷酸单酯(surfactant MAP)

又称 表面活性剂 MAP。

(1)性质 醇醚磷酸单酯为无色或淡黄色黏稠液体,具有极低的刺激性和较高的安全性。

(2)用途 醇醚磷酸单酯用作生产各种高档洗发乳、浴液、护肤膏霜等个人清洁和保护用品的理想原料。

23. 醇醚磷酸单酯钾(钠)盐[surfactant MAPK(Na)]

又称 表面活性剂 MAPK(Na)。

(1)性质 醇醚磷酸单酯钾(钠)盐具有优良的水溶性,丰富细腻的泡沫,优良的洗涤性能和乳化性能以及优良的抗静电性、柔软性、润滑性、抗硬水性等。

(2)用途 醇醚磷酸单酯钾(钠)盐用作高档洗发乳、浴液、护肤膏霜等个人清洁用品的原料。

24. 酚醚磷酸单酯(surfactant MAPP)

又称 表面活性剂 MAPP。

(1)性质 酚醚磷酸单酯是无色或淡黄色黏稠液体,对眼睛和皮肤刺激性较低,安全性较高。

(2)用途 酚醚磷酸单酯广泛应用于洗净机和化妆品工业中,如配制刺激性低,洗涤性能好,泡沫丰富的洗浴、洗发、洗面奶等多种洗净产品。

25. 壬基酚醚磷酸单酯乙醇胺盐(nonylphenol polyoxyethylene ether phosphoric monoester ethanolamine salt)

又称 酚醚磷酸单酯乙醇胺盐。

(1)性质 壬基酚醚磷酸单酯乙醇胺盐具有优良的水溶性,丰富细腻的泡沫,优良的洗涤性能和乳化性能以及优良的抗静电性、抗硬水性等。

(2)用途 壬基酚醚磷酸单酯乙醇胺盐用作洗净剂、乳化剂、抗静电剂及洗浴、洗发、洗面等洗净产品。

26. 壬基酚醚磷酸单酯铵盐（nonylphenol polyoxyethylene ether phosphoric monoester ammonium salt）

又称　酚醚磷酸单酯铵盐。

（1）性质　壬基酚醚磷酸单酯铵盐具有优良的水溶性，丰富细腻的泡沫，优良的洗涤性能和乳化性能以及优良的抗静电性、抗硬水性等。

（2）用途　壬基酚醚磷酸单酯铵盐广泛应用于洗浴、洗发、洗面等洗净剂和化妆品中。

27. 十二（烷）醇聚氧乙烯醚磷酸单混合酯及其盐（dodecyl polyoxyethylene ether phosphate，ester and salt）

又称　十二烷基聚氧乙烯醚磷酸混合酯及其盐。

（1）性质　十二（烷）醇聚氧乙烯醚磷酸单混合酯及其盐在常温下为微黄色黏稠液体，具有优良的电解质相容性，对热及碱稳定，较好的抗静电性、润滑性及阻蚀性。

（2）用途　十二（烷）醇聚氧乙烯醚磷酸单混合酯及其盐用作工业碱性洗涤剂及干洗剂，金属加工工作液，也是良好的助溶剂和化妆品乳化剂。

28. 烷基磷酸酯钾盐（alkyl phosphate potassium）

又称　乳化剂 HR - S$_1$。

（1）性质　乳化剂 HR - S$_1$ 为白色糊状液体，在温水中易溶，pH < 4 时难溶。

（2）用途　乳化剂 HR - S$_1$ 是分散系化妆品水包油的理想乳化剂，及作为洗涤化妆品的添加剂。

29. 邻苯二甲酸单月桂醇酯钠盐（sodium monolauryl phthalate）

又称　邻苯二甲酸单十二醇酯钠盐。

（1）性质　邻苯二甲酸单月桂醇酯钠盐为白色膏状流体，具有较好的表面活性、发泡性、去污性、增溶性、钙皂分散性等，对皮肤脱脂性弱。

（2）用途　邻苯二甲酸单月桂醇酯钠盐用作日化及工业应用领域高效发泡剂，轻垢型洗涤剂的去污剂，化妆品、印染剂制药领域的高效增溶剂。

30. 十一（碳）烯酸锌（zinc undecylenate）

（1）性质　十一（碳）烯酸锌是白色无定形粉末，几乎不溶于水，乙醇，遇强酸分解为十一烯酸和相应的锌盐。

（2）用途　十一（碳）烯酸锌用作各种化妆品和香皂的杀菌剂以及膏霜类化妆品的助乳化剂。

31. N - C$_{12 \sim 18}$ 酰基谷氨酸钠（sodium N - C$_{12 \sim 18}$ acylglutamate）

又称　N - C$_{12 \sim 18}$ AGAS。

（1）性质　N - C$_{12 \sim 18}$ 酰基谷氨酸钠为乳白或淡黄色粉末，耐水，对皮肤温和，无刺激性，泡沫适中，洗涤力强，具有优良的乳化性和润湿性，生物降解性优良。

（2）用途　N - C$_{12 \sim 18}$ 酰基谷氨酸钠用作洗涤剂、起泡乳化剂、润湿剂及化妆品和洗涤用品组分。

32. N - 月桂酰 L - 天（门）冬氨酸钠（sodium N - lauroyl - L - aspartate）

又称 $N-L-AspS$。

（1）性质 $N-$月桂酰 L－天（门）冬氨酸钠无毒安全，易生物降解，具有优良的表面活性。起泡性能良好，泡沫稳定性好，其性能比十二烷基硫酸钠好，复配时能防止十二烷基硫酸钠对皮肤的刺激性，能提高皮肤的耐硬水性，使头发、织物柔软。

（2）用途 $N-$月桂酰 L－天（门）冬氨酸钠用作优良的洗涤剂、乳化剂、起泡剂，性能比十二烷基硫酸钠好。

33. $N-$硬酯酰基谷氨酸单钠盐（mono - sodium $N-$ stearoyl glutamate）

又称 HGS－11，SGS－11。

（1）性质 $N-$硬酯酰基谷氨酸单钠盐为白色或微黄色粉末，稍有特异的气味。具有优良的乳化、洗涤、发泡、润湿性能、耐硬水性，表面活性和钙皂分散性好。

（2）用途 $N-$硬酯酰基谷氨酸单钠盐用作乳化剂、洗涤剂、发泡剂、分散剂，广泛应用于洗涤剂和化妆品生产，可用于制备对人体皮肤作用温和的微酸性产品，如微酸性洗涤剂、微酸性化妆品等。

34. 长直链烷基芳醚磺酸钠 TH（specific surfactant HT）

又称 新型特种表面活性剂 HT。

（1）性质 长直链烷基芳醚磺酸钠 TH 为淡黄色粉末，无毒无刺激，耐高温，耐高浓度酸、碱、盐。HLB 值是 41，对水的亲和能力比普通表面活性剂高出一倍。乳化、分散、脱脂能力远优于 $C_{12}AS$，属低泡性，耐硬水和去污能力可与 AS 相当，可生化分解。

（2）用途 长直链烷基芳醚磺酸钠 TH 是特种阴离子表面活性剂，广泛应用于工业清洗剂、家庭清洗剂、医药、卫生、化妆品等多种领域。

二、阴离子表面活性剂含量的测定（对甲苯胺法）

阴离子表面活性剂能和对甲苯胺盐酸盐定量的形成对甲苯胺络合物沉淀，经乙醚萃取后用氢氧化钠滴定。滴定后的溶液再进一步用硝酸银滴定，校正溶解于乙醚中的对甲苯胺盐酸盐微量的量，即可求得阴离子表面活性剂的含量。

主要操作步骤如下。

1. 0.1mol/L NaOH 标准溶液的配制和标定

称 2g NaOH 溶解于 500mL 水中。准确称取 0.4～0.5g 邻苯二甲酸氢钾于锥形瓶中，加水溶解后加入 1～2 滴酚酞指示剂，用代标定的 NaOH 标准溶液滴定至溶液呈微红色，半分钟不褪色为滴定终点。平行标定 3 次，计算 NaOH 标准溶液的准确浓度。

2. 0.05mol/L $AgNO_3$ 标准溶液的配制和标定

称 0.8～1.0g $AgNO_3$ 溶解于 100mL 水中。准确称取约 0.10g 氯化钠于锥形瓶中，加水溶解后加入 0.5mL，5% 的 K_2CrO_4 溶液，在不断摇动下用待标定的 $AgNO_3$ 标准溶液滴定至溶液呈砖红色为滴定终点。平行标定 3 次，计算 $AgNO_3$ 标准溶液的准确浓度。

3. 试样的测定

（1）准确称取 0.6～0.7g 十二烷基硫酸钠试样溶于 40mL 水中，移入分液漏斗中，溶液加（1＋3）盐酸至 pH＝4。

（2）加 10mL 对甲苯胺试剂和 25mL 乙醚，强烈振荡，静置待溶液分层后，将水层放入第二个分液漏斗中。

（3）再加入 10mL 乙醚进行萃取，弃去水层。

（4）合并乙醚萃取液（另一分液漏斗用少量乙醚洗涤，洗涤液并入萃取液中），加 5mL 对甲苯胺试剂和 20mL 水，在此强烈振荡，静置分层后弃去水层。

（5）在锥形瓶中加入 50mL 乙醇和 5～8 滴甲基红，用 0.1mol/L NaOH 标准溶液滴定至溶液呈黄色（如加甲基红后已为黄色则不用加 NaOH 溶液）。

（6）加入乙醚萃取液（用少量乙醚洗涤，洗涤液并入萃取液中），用 0.1mol/L NaOH 标准溶液滴定至溶液呈橙色为终点（滴定过程中应充分摇动锥形瓶），记下 NaOH 标准溶液的体积 V_2 滴定后，为校正氯离子，加入 0.5mL K_2CrO_4 溶液，再加入 0.1mol/L $AgNO_3$ 标准溶液滴定至橙红色为终点，记下消耗 $AgNO_3$ 标准溶液的体积 V_1，计算阴离子表面活性剂十二烷基硫酸钠的含量，平行测定 3 份。

结果计算：

$$十二基烷硫酸钠\% = [(C \times V_2)NaOH - (C \times V_1)AgNO_3] \times M/m$$

式中　C——K_2CrO_4 溶液的实际浓度；

　　　V_1——消耗 $AgNO_3$ 标准溶液的体积，mL；

　　　V_2——消耗 NaOH 标准溶液的体积，mL；

　　　m——样品质量，g；

　　　M——十二基烷硫酸钠的摩尔质量，g/mol。

三、阳离子表面活性剂

阳离子表面活性剂 1629 阳离子表面活性剂、TC-8 阳离子表面活性剂、氯化十八烷基三甲基铵、氯化十六烷基三甲基铵、氯化二羟丙基二甲基十二烷基铵、氯化双二十烷基二甲基铵、聚季铵-11 调理剂、M-505 聚季铵-7 调理剂、氯化二甲基二烯丙基铵丙烯酰胺共聚物、氯化油酰胺丙基-二羟基丙基-二甲基铵、氯化油酰胺丙基-2,3-二羟丙基二甲基铵、乙基硫酸油酰胺丙基二甲基乙基铵、CD-4902 貂油酰胺丙基胺-壳聚糖、CD-4901 貂油酰胺丙基胺-水解蛋白、阳离子蛋白肽、阳离子瓜尔胶、阳离子聚合物SJR-400、单油酸三乙醇胺酯、阳离子表面活性剂 DNP 系列、阳离子乳化剂 SPP-200、氯化水解蛋白羟丙基十二烷基二甲基铵。

1. 氯化十六烷基二甲基烷基铵（sixteen alkyl dimethyl alkyl ammonium chloride）

又称　1629 阳离子表面活性剂。

（1）性质　1629 阳离子表面活性剂为无色或微黄色透明液体，具有优良的乳化性能，能与阳离子、非离子及两性离子表面活性剂相配伍。

（2）用途　1629 阳离子表面活性剂用于日化行业配制护发素的新型原料。

2. TC-8 阳离子表面活性剂（cationic surfactant TC-8）

（1）性质　TC-8 阳离子表面活性剂为白色或微黄色膏状物，易溶于热水、乙醇、异丙醇。可与非离子、阳离子表面活性剂或染料配伍，忌与阴离子表面活性剂、染料、助剂配伍。

（2）用途　TC-8 阳离子表面活性剂是护发素的主要原料。

3. 氯化十八烷基三甲基铵（octadecyl trimethyl ammonium chloride）

又称　氯化三甲基十八烷基铵, OTAC。

（1）性质　氯化十八烷基三甲基铵是白色蜡状物, 易溶于水, 震荡时产生大量的泡沫。化学稳定性好, 耐热、耐光、耐压、耐强酸强碱。具有优良的渗透、柔软、乳化、抗静电及杀菌等性能。

（2）用途　氯化十八烷基三甲基铵用于油彩化妆品添加剂, 头发调理剂, 消毒杀菌剂, 纤维织物柔软剂, 软质洗涤剂、硅油乳化剂。

4. 氯化十六烷基三甲基铵（palmityl trimethyl ammonium chloride）

（1）性质　氯化十六烷基三甲基铵是白色或微黄色膏状体或固体, 耐热、耐光、耐压、耐强酸强碱。具有优良的表面活性、稳定性和生物降解性, 与阳离子、非离子、两性离子表面活性剂有优良的配伍性。

（2）用途　氯化十六烷基三甲基铵属于季铵盐型阳离子表面活性剂, 用于乳化硅油、护发素原料。

5. 氯化二羟丙基二甲基十二烷基铵（dimethyl dihydroxypropyl dodecyl ammonium chloride）

（1）性质　氯化二羟丙基二甲基十二烷基铵作为阳离子表面活性剂, 与阴离子复配性好, 泡沫协同性、增稠性良好。

（2）用途　氯化二羟丙基二甲基十二烷基铵用作头发调理剂、柔软剂、抗静电剂, 用于日化工业, 与 AES 有良好的配伍性。

6. 氯化双二十烷基二甲基铵（dieicosyl dimethyl ammonium chloride）

又称　D2021。

（1）性质　氯化双二十烷基二甲基铵为白色膏状物。

（2）用途　氯化双二十烷基二甲基铵用作织物、纤维的柔软剂、软质洗涤剂、乳化剂、杀菌剂、护发素及其他化妆品添加剂。

7. 聚季铵 – 11 调理剂（poly quaternary ammonium – 11）

（1）性质　聚季铵 – 11 调理剂为微黄色、清澈或（Polyquaternium – 11）略浑浊的黏稠液体, 易梳理, 有光泽、平整, 具有良好的调理及坚挺的效果。可与阴离子型、非离子型及两性表面活性剂配伍。

（2）用途　聚季铵 – 11 调理剂由于发用化妆品原料。

8. M – 505 聚季铵 – 7 调理剂（polyquaternium – 7）

（1）性质　M – 505 聚季铵 – 7 调理剂是有一定黏度、无色透明的水溶液, 抗静电效果明显, 与阴离子型、非离子型表面活性剂配伍性好。

（2）用途　M – 505 聚季铵 – 7 调理剂用于洗发乳、发胶、护肤产品, 对头发、皮肤的调理、保湿具有明显效果。

9. 氯化二甲基二烯丙基铵丙烯酰胺共聚物（dimethyldiallyl ammonium chloride acrylamide copolymer）

又称　PDD – AM。

（1）性质　氯化二甲基二烯丙基铵丙烯酰胺共聚物为透明黏性液体, 气味柔和。

（2）用途　氯化二甲基二烯丙基铵丙烯酰胺共聚物用作整饰调理剂，用于洗发乳、护发素、喷发胶、摩丝、香皂、凝胶、定型剂、润肤护肤剂及溶剂、剃须用品，也用于去臭剂、防汗剂、润湿光洁剂。

10. 氯化油酰胺丙基 - 二羟基丙基 - 二甲基铵（oleamidopropyl dihydroxypropyl dimethyl）

（1）性质　氯化油酰胺丙基 - 二羟基丙基 - 二甲基铵为黄色黏稠液体，对阴离子型、阳离子型、非离子型及两性表面活性剂相容性好。能减少头发上的静电，改进洗发乳的干性、湿性、梳理性。

（2）用途　氯化油酰胺丙基 - 二羟基丙基 - 二甲基铵用于透明护发素、洗发乳、膏霜及浴胶等化妆品中。

11. 氯化油酰胺丙基 - 2,3 - 二羟丙基二甲基铵（oleoylamidopropyl - 2,3 - dihydroxypropyl dimethyl ammonium chloride）

又称　油酰胺丙基羟丙基季铵盐。

（1）性质　氯化油酰胺丙基 - 2,3 - 二羟丙基二甲基铵具有调理、增黏、乳化功能，对头发和皮肤有卓越的调理性。

（2）用途　氯化油酰胺丙基 - 2,3 - 二羟丙基二甲基铵为护发护肤多功能阳离子表面活性剂，用于配制低成本、高性能二合一洗发乳。可与阴离子表面活性剂相容，不影响泡沫，对皮肤有明显的柔软、光滑性。

12. 乙基硫酸油酰胺丙基二甲基乙基铵（oleoylamidopropyl dimethyl ethyl ammonium ethyl sulfate）

又称　油酰胺丙基乙基季铵盐。

（1）性质　乙基硫酸油酰胺丙基二甲基乙基铵对头发和皮肤有卓越的调理性，可与阴离子表面活性剂相容，不影响泡沫，可配制二合一洗发乳，有增黏乳化作用。

（2）用途　乙基硫酸油酰胺丙基二甲基乙基铵为护发护肤多功能阳离子表面活性剂，可配制二合一香波。

13. CD - 4902 貂油酰胺丙基胺 - 壳聚糖（mink oil acylamide - propylamine chitin）

（1）性质　CD - 4902 貂油酰胺丙基胺 - 壳聚糖为琥珀色黏稠液体，属阳离子化的壳聚糖衍生物，对头发和皮肤有强吸附性。具有优良的调理性能，与阴离子表面活性剂相容。

（2）用途　CD - 4902 貂油酰胺丙基胺 - 壳聚糖用于洗发乳、护发素、摩丝、整发剂和护肤化妆品中。

14. CD - 4901 貂油酰胺丙基胺 - 水解蛋白（mink - amidopropyl dimethylamine hydrolyzed collagen）

（1）性质　CD - 4901 貂油酰胺丙基胺 - 水解蛋白为琥珀色黏稠液体，对头发和皮肤有很强吸附性，与阴离子表面活性剂相容。

（2）用途　CD - 4901 貂油酰胺丙基胺 - 水解蛋白用于洗发乳、洗面奶、浴剂、摩丝、护肤膏霜及蜜类的添加剂。

15. 阳离子蛋白肽（quaternised protein）

又称　QHC。

（1）性质　阳离子蛋白肽为白色粉末,稍有特殊蛋白味,在水中能全部溶解。

（2）用途　阳离子蛋白肽是新型头发保护剂,能使头发柔软,富有光泽。对头发的亲和力强,具有调理和修补损伤头发的效果。

16. 阳离子瓜尔胶（guar – hydroxypropyl trimethyl ammonium chloride）

（1）性质　阳离子瓜尔胶是浅黄色或黄绿色粉末,无不愉快气味。对头发和皮肤具有优良的调理性,能很好的降低头发的湿梳阻力,防止对头发的损伤,可降低洗涤剂对皮肤的刺激性,有耐久的柔软性和抗静电性。

（2）用途　阳离子瓜尔胶可用作调理剂、增稠剂和悬浮剂,可用于珠光洗发乳、浴剂、洗面奶、液皂、膏霜和洗手液等化妆品。

17. 阳离子聚合物 SJR – 400（cation polymer JR – 400）

又称　聚纤维素醚季铵盐。

（1）性质　阳离子聚合物 SJR – 400 为高分子量阳离子纤维素聚合物,溶于水。无毒,无刺激性,无过敏。有增稠、柔软、抗静电和调理作用,可与各类表面活性剂配伍。

（2）用途　阳离子聚合物 SJR – 400 广泛应用于洗发乳、液体香皂、洗面奶、剃须膏、润肤液、防晒霜、定型摩丝及护发素的配制中。由于它通过离子力牢固吸附在角蛋白上,使头发有很好的调理性,因而也用于配制多功能洗发液。

18. 单油酸三乙醇胺酯（triethanolamine oleate）

又称　三乙醇胺单油酸酯。

（1）性质　单油酸三乙醇胺酯为黄色黏稠状液体,溶于油类。在水中能扩散成乳状液,易氧化变质。

（2）用途　单油酸三乙醇胺酯主要用于化妆品乳化剂和印染乳化剂。比钠皂或钾皂更易流动,料质细腻柔软,稳定性好。能与阳离子或非离子表面活性剂混合使用,但在电解质含水量高的水质中稳定性较差。

19. 阳离子表面活性剂 DNP 系列［cationic Surfactant DNP（series）］

（1）性质　阳离子表面活性剂 DNP 系列是含多个羟基的低聚型阳离子表面活性剂,对皮肤无刺激,无毒。具有良好的抗静电、柔软、杀菌、乳化性、以及较好的吸附性和增稠性,可以阴离子表面活性剂配伍使用。

（2）用途　DNP – OS 已用作二合一香波原料,DNP 系列产品可广泛地应用于日用化工、石油化工、纺织印染等工业。

20. 阳离子乳化剂 SPP – 200（cationic Emulsifier SPP – 200）

又称　磷酯季铵化物阳离子乳化剂 SPP – 200。

（1）性质　阳离子乳化剂 SPP – 200 为磷酯型阳离子乳化剂,乳化力强,有阴离子、非离子乳化剂不可抗衡的乳化能力,不必配用其他乳化剂。对皮肤、眼睛无刺激性,与一般阳离子表面活性剂不同,低 pH 时效果不减,更接近皮肤固有酸碱度,使酸性护肤品的出现变得简单。

（2）用途　阳离子乳化剂 SPP – 200 作为新型阳离子乳化剂,是膏、霜、蜜等日用化妆品生产的强乳化剂。

21. 氯化水解蛋白羟丙基十二烷基二甲基铵（cationic protein）

又称 阳离子蛋白。

（1）性质 氯化水解蛋白羟丙基十二烷基二甲基铵为黄色透明液体，对皮肤、眼睛刺激性低，无过敏性，安全无毒，对头皮和毛发具有保护效果，对损伤的头发起有效的保护作用，防止头发分叉，有效修复碎裂的头发。

（2）用途 氯化水解蛋白羟丙基十二烷基二甲基铵广泛应用于摩丝、喷发胶、洗发乳、护发素、焗油、冷烫发剂及染发脱色剂中。使毛发富有弹性和光泽，易于梳理。在护发素、洗发乳中起有效的调理作用，洗发后头发柔软亮泽。

四、两性离子表面活性剂

两性离子表面活性剂十二烷基二羟乙基甜菜碱 $C_{12\sim14}$、十八烷基二羟乙基甜菜碱 $C_{16\sim18}$、N – 十二烷基 – N – （2 – 羟乙基）– N – （2 – 甲酰胺基乙基）铵乙酸盐、氧化椰油酰胺基丙酰胺、椰油羟乙基磺酸钠、氧化十八烷基二甲基胺、GD – 4501 椰油酰二乙醇胺氧化胺、十二烷基氧基羟丙基甜菜碱、十烷基氧基羟丙基甜菜碱、N – 烷基 – β – 氨基丙酰二乙醇胺、氧化月桂酰胺基丙胺、N – $C_{12\sim18}$ 酰基谷氨酸、羟乙基癸酸咪唑啉甜菜碱、羟乙基肉豆蔻酸咪唑啉甜菜碱、羟乙基棕榈酸咪唑啉甜菜碱。

1. 十二烷基二羟乙基甜菜碱 $C_{12\sim14}$（$C_{12\sim14}$ aldyl dihydroxyethyl betaine）

又称 $C_{12\sim14}$ 烷基二羟乙基甜菜碱。

（1）性质 十二烷基二羟乙基甜菜碱 $C_{12\sim14}$ 为淡黄色黏稠液体，无毒，刺激性小，易溶于水，对酸碱稳定，泡沫多，去污力强，有增稠性、杀菌性、抗静电性。

（2）用途 十二烷基二羟乙基甜菜碱 $C_{12\sim14}$ 用作增稠剂、泡沫稳定剂、乳化剂、分散剂、润湿剂。具有良好的杀菌和抗静电作用，广泛用于高级洗涤剂和洗发乳、护发素、浴液中，适于复配黏性大的化妆品。

2. 十八烷基二羟乙基甜菜碱 $C_{16\sim18}$（$C_{16\sim18}$ aldyl dihydroxyethyl betaine）

又称 $C_{16\sim18}$ 烷基二羟乙基甜菜碱。

（1）性质 十八烷基二羟乙基甜菜碱 $C_{16\sim18}$ 为淡黄色黏稠液体，无毒，易溶于水，对酸碱稳定，发泡力、去污力强，有增稠性、杀菌性、抗静电性，刺激性小。

（2）用途 十八烷基二羟乙基甜菜碱 $C_{16\sim18}$ 用作增稠剂、去污剂、发泡剂。广泛用于高级洗涤剂和洗发乳、护发素、浴液及复配黏性大的化妆品中，具有良好的增稠、杀菌和抗静电作用。

3. N – 十二烷基 – N – （2 – 羟乙基）– N – （2 – 甲酰胺基乙基）铵乙酸盐［N – Dodecyl – N – （2 – hydroxyethyl）– N – （2 – formyl – amine ethyl）ammonium acetate］

（1）性质 N – 十二烷基 – N – （2 – 羟乙基）– N – （2 – 甲酰胺基乙基）铵乙酸盐是温和的两性表面活性剂。

（2）用途 N – 十二烷基 – N – （2 – 羟乙基）– N – （2 – 甲酰胺基乙基）铵乙酸盐用作日用化妆品原料。

4. 氧化椰油酰胺基丙酰胺（cocoamide propylamine oxide）

又称 双鲸 CAO 氧化铵。

（1）性质　氧化椰油酰胺基丙酰胺在常温下为无色透明液体，无刺激性。易溶于水、醇类溶剂，在酸、碱和硬水中稳定。

（2）用途　氧化椰油酰胺基丙酰胺作为高效发泡剂和稳定剂，适用于沐浴用品，洗发乳和护发素，一般用量为 1% ~ 2%。与 AES 共用时效果比烷醇酰胺好，在口腔用品适用于牙膏、口香糖、漱口水中。

5. 椰油羟乙基磺酸钠（geropon As – 200）

（1）性质　椰油羟乙基磺酸钠是白色片状品，在硬水和浓电解质溶液中具有良好的钙皂分散性，发泡性好，易于生物降解，润湿性好，去污力适中。

（2）用途　椰油羟乙基磺酸钠用作洗面奶发泡剂，能产生浓密的奶油泡沫，且不受硬水影响，去污力适中，用量为 10%。也用在婴儿香皂和不刺激皮肤肥皂的生产中，成品 pH 近似于皮肤的 pH。

6. 氧化十八烷基二甲基胺（dimethyl octadecylamine oxide）

又称　十八叔胺氧化物。

（1）性质　氧化十八烷基二甲基胺是白色糊状物，在 pH < 3 的酸性溶液中呈现阳离子性，在 pH > 7 的碱性溶液中呈非离子性。对皮肤无刺激性、手感温和，具有保湿、杀菌、防霉作用。

（2）用途　氧化十八烷基二甲基胺广泛应用于洗涤剂、化妆品及纺织助剂中。在餐洗剂、洗发乳、膏霜增稠漂白液、化纤助剂中起乳化、分散、增稠、抗静电作用。

7. GD – 4501 椰油酰二乙醇胺氧化胺（N, N – diethanol cocoalkanolamide oxide）

又称　GD – 450。

（1）性质　GD – 4501 椰油酰二乙醇胺氧化胺具有优良的发泡、调理、增黏及抗电性能，可产生丰富而稠密的泡沫，对阴离子表面活性剂有明显的增稠效果，能有效降低产品中其他组分的刺激性。

（2）用途　GD – 4501 椰油酰二乙醇胺氧化胺用作发泡、调理、增黏增稠剂，适用于配制洗发乳、浴用品、洗面奶等洗涤用品。

8. 十二烷基氧基羟丙基甜菜碱（dodecylalkoxyl hydroxypropylene betaine）

又称　新型羟丙基甜菜碱两性表面活性剂。

（1）性质　新型羟丙基甜菜碱两性表面活性剂，表面活性、调理性、发泡性均优良。

（2）用途　新型羟丙基甜菜碱两性表面活性剂用作日用化妆品和洗发乳的去污剂、调理剂。

9. N – 烷基 – β – 氨基丙酰二乙醇胺（N – alkyl – β – aminopropiondiethanolamine）

又称　AAPDEA。

（1）性质　N – 烷基 – β – 氨基丙酰二乙醇胺在常温下为白色固体，加热为无色透明液体。是酰胺型假两性表面活性剂，具有低泡沫、高润湿性及优良的洗涤性、增稠性、配伍性。降低表面张力能力强。在酸性条件下呈现阳离子性，在碱性条件下呈现非离子性，不呈现阴离子性，故为假两性表面活性剂。

（2）用途　N – 烷基 – β – 氨基丙酰二乙醇胺用作净洗剂、增稠剂、润湿剂，适用于日用化工及工业部门。

10. 氧化月桂酰胺基丙胺(laurylami – dopropylamine oxide)

又称　LAO – 30。

(1)性质　氧化月桂酰胺基丙胺为淡黄色低黏稠透明液体,溶于水。

(2)用途　氧化月桂酰胺基丙胺是新一代表面活性剂,作为主剂用来配制各种民用洗涤用品、化妆品、各种工业用清洗剂及其他功能性助剂。

11. $N – C_{12～18}$酰基谷氨酸($N – C_{12～18}$acylglutamic acid)

又称　AGA。

(1)性质　$N – C_{12～18}$酰基谷氨酸为白色或微黄色粉末,稍有特异气味。

(2)用途　$N – C_{12～18}$酰基谷氨酸为氨基酸型表面活性剂,其盐类是阴离子表面活性剂,广泛应用于香皂、洗涤剂和化妆品等。

12. 羟乙基癸酸咪唑啉甜菜碱(1 – hydroxyethyl – 2 – nonyl imidazoline betaine)

又称　HEDIB。

(1)性质　羟乙基癸酸咪唑啉甜菜碱的外观为无色透明液体,具有对皮肤和眼睛的刺激性低、低毒、易生物降解、抗硬水等性质。

(2)用途　羟乙基癸酸咪唑啉甜菜碱为烷基咪唑啉甜菜碱型两性表面活性剂,常用作日化工业调节剂等。

13. 羟乙基肉豆蔻酸咪唑啉甜菜碱(1 – hydroxyethyl – 2 – tridecanyl imidazoline betaine)

又称　HECIB。

(1)性质　羟乙基肉豆蔻酸咪唑啉甜菜碱是烷基咪唑啉甜菜碱型两性表面活性剂,为乳白色液体,具有表面张力低、起泡性能优良、无毒、对皮肤和眼睛无刺激、易生物降解、抗硬水等性质。

(2)用途　羟乙基肉豆蔻酸咪唑啉甜菜碱是新型两性表面活性剂,用作化妆品调理剂,适用于洗发香波用品,泡沫细腻,稳定性高。

14. 羟乙基棕榈酸咪唑啉甜菜碱(1 – hydroxyethyl – 2 – pentadecyl imidazoline betaine)

又称　HEPIB。

(1)性质　羟乙基棕榈酸咪唑啉甜菜碱为白色膏状物,具有较好的发泡性,无毒,可生化降解,对皮肤和眼睛刺激性小、有抗硬水能力。

(2)用途　羟乙基棕榈酸咪唑啉甜菜碱是新型两性表面活性剂,用作化妆品净洗剂,适用于洗发香波用品。

五、非离子表面活性剂

非离子表面活性剂乳化剂 VO 系列产品、乳化剂 OPE – 15、聚氧乙烯硬脂酸酯、乙二醇单硬脂酸酯、聚乙二醇(400)双硬脂酸酯、聚乙二醇(600)双月桂酸酯、聚乙二醇双硬脂酸酯与 DMAEMA 的共聚物、硬脂酸聚乙二醇酯、三硬脂酸甘油酯、蔗糖硬脂酸酯、聚氧乙烯甘油醚单硬脂酸酯、苯甲酸十二(烷)醇酯、$N –$月桂酰基谷氨酸双十二(烷)醇酯、$N –$月桂酰基谷氨酸双十八(烷)醇酯、苯甲酸脂肪醇酯、双硬脂酸甘油酯、斯盘 – 20、斯盘 – 60、化妆品级斯盘 – 60、斯盘 – 65、斯盘 – 80、斯盘 – 83、斯盘 – 85、吐温 – 40、吐温 – 20、吐温 – 60、吐温 – 61、吐温 – 80、脂肪酸单乙醇酰胺、椰子油烷醇酰胺、1:1 型椰子油脂肪酸单乙醇酰胺、1:1 型十二酸二乙醇酰胺、1:2 型月桂酸二乙醇酰胺、月桂酸单乙醇酰胺、聚氧乙烯甲基葡萄糖苷硬脂酸酯、甲基葡萄糖苷硬脂酸酯、乙二醇葡萄糖苷硬脂酸酯、丙二醇葡萄糖苷硬脂酸酯、十二烷基苷、$C_{8\sim16}$ 烷基葡萄糖苷、$C_{8\sim10}$ 烷基葡萄糖苷、琥珀酸月桂醇醚单酯、甘油葡萄糖苷硬脂酸酯、聚氧乙烯貂油、月桂酸甘油酯聚氧乙烯(30)醚、月桂酸甘油酯聚氧乙烯(78)醚、棕榈酸单乙醇酰胺、硬脂酸甘露醇酐酯、二硬脂酸乙二醇酯、貂油酸甲酯、貂油酸异丙酯。

1. 乳化剂 VO 系列产品(emulsifier VO series)

又称　油醇聚氧乙烯醚系列。

(1)性质　乳化剂 VO 系列产品为非离子表面活性剂,无毒。其中 VO-2、VO-3、VO-5 为油溶性产品,VO-10、VO-20 为水溶性产品。

(2)用途　乳化剂 VO 系列产品在化妆品行业中用作软化剂、润湿剂、增溶剂等,在收敛霜和收敛洗液中作乳化剂,在洗发乳、起泡浴液中起富泡作用,还可以用来配制冷烫精、脱毛剂及头发矫直剂。

2. 乳化剂 OPE-15(emulsifier OPE-15)

又称　烷基酚聚氧乙烯(15)醚。

(1)性质　乳化剂 OPE-15 是黄色至橙黄色流动或半流动膏状体,冷时凝固,能溶于水,呈透明状液体。

(2)用途　乳化剂 OPE-15 在制备 O/W 型乳化剂时,可作为乳化剂和增溶剂。在金属、机械、纺织等行业用作洗净剂,在化妆品行业中用作乳化剂。

3. 聚氧乙烯硬脂酸酯(polyoxyethylene stearate)

又称　硬脂酸聚氧乙烯酯。

(1)性质　聚氧乙烯硬脂酸酯为淡黄色至黄色膏状体,在水中呈分散状,具有良好的乳化、净洗效果。

(2)用途　聚氧乙烯硬脂酸酯作为工业乳化剂,适用于化妆品、药膏生产。

4. 乙二醇单硬脂酸酯(ethylene glycol monostearate)

又称　单硬脂酸乙二醇酯,EGMS。

(1)性质　乙二醇单硬脂酸酯是白色至奶油色固体或薄片,不溶于水,可溶于乙醚、氯仿、丙酮、甲醇、乙醇、异丙醇、甲苯、豆油、矿物油中。

(2)用途　乙二醇单硬脂酸酯在化妆品、洗涤剂、药物生产中用作乳化剂、分散剂、增溶剂、润滑剂、柔软剂、消泡剂、抗静电剂、珠光剂等。

5. 聚乙二醇(400)双硬脂酸酯[polyethyleneglycol(400)bisstearate]

又称　聚氧乙烯双硬脂酸酯,PEG400DS。

(1)性质　聚乙二醇(400)双硬脂酸酯是白色固体,可溶于异丙醇、矿物油硬脂酸丁酯、甘油、过氧乙烯、汽油类溶剂中。

(2)用途　聚乙二醇(400)双硬脂酸酯在化妆品、洗涤剂工业中用作乳化剂、增稠剂等。

6. 聚乙二醇(600)双月桂酸酯[polyethyleneglycol(600)bislaurate]

又称　聚氧乙烯双桂月酸酯,PEG600DL。

（1）性质 聚乙二醇（600）双月桂酸酯为白色或淡黄色固体，溶于冷水，极易溶于热水。配伍性好，增稠、梳理性好。

（2）用途 聚乙二醇（600）双月桂酸酯适用于洗发乳、液体洗涤剂、透明牙膏、护发素生产中作调理剂和增稠剂。

7. 聚乙二醇双硬脂酸酯与 DMAEMA 的共聚物（copolymer of polyethyleneglycol bis-stearate and DMAEMA）

又称 增稠王898。

（1）性质 聚乙二醇双硬脂酸酯与 DMAEMA 的共聚物为白色至淡黄色固体，易溶于水和乙醇，有特有的苦杏仁气味，具有极好的增稠性、抗静电性和调理性。

（2）用途 聚乙二醇双硬脂酸酯与 DMAEMA 的共聚物是新型弱阳离子型调理增稠剂，也可用作高效抗静电剂，可部分代替 JR400 作为二合一洗发乳的调理添加剂，还可用来生产冻胶洗发乳、冻胶沐浴剂和透明洗发膏。

8. 硬脂酸聚乙二醇酯（polyoxyethyleneglycol stearate）

又称 SG－20。

（1）性质 硬脂酸聚乙二醇酯为白色蜡状固体，在水中呈分散状态。

（2）用途 硬脂酸聚乙二醇酯具有良好的平滑性、柔软性，用于合成纤维纺织助剂及后整理剂，也用于化妆品作乳化剂，并有一定的珠光效果和增稠作用。

9. 三硬脂酸甘油酯（glycerol tristearate）

又称 甘油三硬脂酸酯，三硬脂精。

（1）性质 三硬脂酸甘油酯为无色晶体或粉末，无臭有甜味，不溶于水、石油醚、乙醚及冷醇，能溶于热醇、氯仿、苯及二硫化碳。

（2）用途 三硬脂酸甘油酯在化妆品、肥皂和蜡烛等产品中用作乳化剂。

10. 蔗糖硬脂酸酯（sucrose stearate）

（1）性质 蔗糖硬脂酸酯是白色至黄褐色粉末状或块状或无色至微黄色的黏稠树脂状物，无味、无臭。

（2）用途 蔗糖硬脂酸酯在洗涤剂、化妆品和医药等行业中用于乳化剂。

11. 聚氧乙烯甘油醚单硬脂酸酯（polyoxyethylene glycerine ethermonostearate）

又称 乙氧基化甘油醚单硬脂酸酯。

（1）性质 聚氧乙烯甘油醚单硬脂酸酯是白色至淡黄色蜡状物，水溶性好，乳化力、发泡力浸透力强。

（2）用途 聚氧乙烯甘油醚单硬脂酸酯是非离子表面活性剂，适用于高级雪花膏、乳液、洗面奶、胭脂及洗净剂等中用作乳化剂。

12. 苯甲酸十二（烷）醇酯（dodecyl benzoate）

又称 醇酯油。

（1）性质 苯甲酸十二（烷）醇酯为淡黄色油状液体，无毒、无刺激，不易酸败，渗透性良好，溶解性强，有抗氧性。

（2）用途 苯甲酸十二（烷）醇酯可用于制作唇膏、睫毛膏、润肤霜、按摩油、指甲油等。

13. N - 月桂酰基谷氨酸双十二(烷)醇酯(N - lauroyl glutaminic acid diester)

又称 LGL$_2$。

(1)性质 N - 月桂酰基谷氨酸双十二(烷)醇酯是白色固体,溶于乙醇、液体石蜡、橄榄油,在水中分散。

(2)用途 N - 月桂酰基谷氨酸双十二(烷)醇酯用作油溶性乳化剂及化妆品油性原料,适用于香脂、雪花膏、洗发乳、护发素、婴儿油,是一种安全性高、易生物降解、对皮肤作用温和的新型非离子表面活性剂。

14. 苯甲酸脂肪醇酯(fatty alcohol benzoate)

又称 GW,MT - 1。

(1)性质 苯甲酸脂肪醇酯是一种新型的化妆品油性原料,在冬季不会固化,不水解,不氧化酸败,与其他成分的相容性好。另外,它油而不腻,延展性极佳,且具有优良的光泽性。

(2)用途 苯甲酸脂肪醇酯在唇膏、焗油膏、护发素中被广泛应用。

15. 双硬脂酸甘油酯(glycerine distearate)

又称 双甘酯,甘油双硬脂酸酯。

(1)性质 双硬脂酸甘油酯是淡黄或白色固体。

(2)用途 双硬脂酸甘油酯用作乳化剂,适用于高档化妆品、药品等。

16. 斯盘 - 20(span - 20)

又称 山梨醇单月桂酸酯。

(1)性质 斯盘 - 20是琥珀色至棕褐色油状液体,无毒、无臭。难溶于水,微溶于液体石蜡,稍溶于异丙醇、四氯乙烯、二甲苯、棉籽油、矿物油,分散后呈乳状液。

(2)用途 斯盘 - 20主要用于医药、化妆品纺织业等,作 W/O 型乳化剂、润湿剂及机械用润滑剂。

17. 斯盘 - 60(span - 60)

又称 山梨醇酐单硬脂酸酯。

(1)性质 斯盘 - 60为棕黄色蜡状物或米黄色片状物,微溶于石油醚、乙醚,可溶于热乙醇、苯、热油。能分散在热水中,是 W/O 型乳化剂,具有很强的乳化、分散、润湿性能。

(2)用途 斯盘 - 60主要用于医药、化妆品、食品、农药、涂料、塑料工业作乳化剂、稳定剂,在纺织工业用作抗静电剂、柔软上油剂等。

18. 斯盘 - 65(span - 65)

又称 山梨醇酐三硬脂酸酯。

(1)性质 斯盘 - 65是黄色蜡状物,少量溶解于异丙醇、四氯乙烯、二甲苯中。

(2)用途 斯盘 - 65主要在医药、化妆品、纺织等领域用作乳化剂、稳定剂、增稠剂、润滑剂等。

19. 斯盘 - 80(span - 80)

又称 山梨醇酐单油酸酯。

(1)性质 斯盘 - 80是琥珀色至棕色油状液体,有脂肪气味。不溶于水,少量溶于异丙醇、四氯乙烯、二甲苯、棉籽油、矿物油等,溶于热油及有机溶剂。

(2)用途　斯盘-80 主要用于医药、化妆品、纺织、乳化炸药、油漆、石油等行业。在W/O 型乳胶炸药和纺织品油剂、石油深井加重泥浆中作乳化剂,在油漆工业用作分散剂,在石油产品中用作助溶剂和防锈剂等。

20.斯盘-83(span-83)

又称　山梨醇酐倍半油酸酯。

(1)性质　斯盘-83 是琥珀色至棕色油状液体,少量溶于异丙醇、四氯乙烯、棉籽油、矿物油。

(2)用途　斯盘-83 用作乳化剂、稳定剂、增溶剂、柔软剂、抗静电剂等,适用于医药、化妆品、纺织、油漆等工业领域。

21.斯盘-85(span-85)

又称　山梨醇酐三油酸酯。

(1)性质　斯盘-85 是琥珀色至棕色油状无臭液体,少量溶于异丙醇、二甲苯、四氯乙烯、棉籽油、矿物油。

(2)用途　斯盘-85 主要用在医药、化妆品、纺织、油漆、石油产品等行业用于乳化剂、增稠剂、防锈剂。

22.吐温-20(tween 20)

又称　聚氧乙烯(20)山梨醇单月桂酸酯。

(1)性质　吐温-20 是琥珀色油状液体,溶解于水、甲醇、乙醇、异丙醇、丙二醇、乙二醇、棉籽油等。

(2)用途　吐温-20 为水包油型乳化剂、增溶剂、扩散剂、稳定剂、润滑剂和抗静电剂。

23.吐温-40(tween 40)

又称　聚氧乙烯山梨醇酐单棕榈酸酯。

(1)性质　吐温-40 为琥珀色油状液体,有脂肪味,不溶于植物油和矿物油,溶于水、稀酸、稀碱和多数有机溶剂。

(2)用途　吐温-40 用作乳化剂、增溶剂、稳定剂、扩散剂和纤维润滑剂等。

24.吐温-60(tween 60)

又称　山梨糖醇酐单硬脂酸酯聚氧乙烯(20)醚。

(1)性质　吐温-60 为黄色膏体,不溶于油,能溶于40℃温水及多种有机溶剂中,是为 O/W 型优良乳化剂,并兼具润湿、起泡、扩散等性能。

(2)用途　吐温-60 用于食品、医药、塑料及化妆品等工业,是优良的乳化剂。也是聚丙烯腈纤维纺丝油剂组分之一,也可作为纤维后加工柔软剂,能消除纤维静电并提高其柔软性。

25.吐温-61(tween 61)

又称　聚氧乙烯山梨醇酐单硬脂酸酯。

(1)性质　吐温-61 是黄色蜡状固体,无毒、无臭,溶于水、硫酸及稀碱,在某些盐存在下具有分散能力。

（2）用途　吐温 –61 在石油、医药、食品、纺织、化妆品、农业等行业用作乳化剂、润湿剂。

26. 吐温 –80（tween 80）

又称　聚氧乙烯脱水山梨醇单油酸酯。

（1）性质　吐温 –80 为淡黄色至琥珀色油状黏稠液体，无毒。不溶于矿物油，可溶于乙醇、植物油、乙酸乙酯、甲醇、甲苯，易溶于水。低温时成胶状，受热后复原。

（2）用途　吐温 –80 在聚氨酯泡沫塑料及食品工业生产中用作乳化剂，在其他领域还可用作润湿剂、渗透剂、扩散剂等。

27. 脂肪酸单乙醇酰胺（fatty acid monoethanolamide）

又称　单 6501。

（1）性质　脂肪酸单乙醇酰胺为非离子表面活性剂，难溶于水，可溶于多数有机溶剂，熔点高。具有优良的润肤性能，是洗涤用品中优良的泡沫稳定剂和增稠剂；与肥皂或其他表面活性剂有极好的协调作用，在洗涤性、污垢分散性、耐硬水等方面增效极为明显，并显出珠光光泽。

（2）用途　脂肪酸单乙醇酰胺具有留香的特殊作用，有一定钙皂分散能力，能改善香皂的硬度和光滑度。可用作各类洗发乳、浴液、稳泡、增稠珠光和调理剂，加入化妆品中具有润肤作用；在工业领域中，可用作防蚀剂、添加剂助剂、分散剂；因其结构的特殊性，可用作抗静电剂及用于制酰胺毓表面活性剂的主要原料。

28. 椰子油烷醇酰胺（coconut oil acid diethanol amide）

又称　椰子（油）酸二乙醇酰胺。

（1）性质　椰子油烷醇酰胺为琥珀色黏稠液体，具有润湿、洗净、柔软、抗静电性能，是良好的泡沫稳定剂。与其他表面活性剂配合使用具有良好的增效、分散污垢粒子的作用，对皮肤刺激性小。

（2）用途　椰子油烷醇酰胺是轻垢型液体洗涤剂、洗发剂、清洗剂、液体肥皂、刮脸膏、洗面剂等各种化妆品用的中性洗涤剂和洗发剂的不可缺少的成分。还可用作膏霜剂制品的乳化稳定剂，一般用作阴离子表面活性剂的泡沫稳定剂，与肥皂混合使用时耐硬水性好。

29. 1∶1 型椰子油脂肪酸单乙醇酰胺（coconut fatty acid mono ethanolamide 1∶1 type）

又称　1∶1 型椰子油单乙醇酰胺。

（1）性质　1∶1 型椰子油脂肪酸单乙醇酰胺是淡黄色薄片，无毒，有极强的泡沫稳定性、洗净性、耐硬水性及对钢铁的防锈力、对污垢粒子的分散性、对皮肤刺激的缓和作用等。

（2）用途　1∶1 型椰子油脂肪酸单乙醇酰胺适用于固体及粉末肥皂、合成洗涤剂、洗发剂，在乳液中做稳定剂和活性组分。在粉末状合成洗涤剂中可提高洗净性和污垢分散性，在乳液洗发剂中可提高黏度，促进泡沫稳定。

30. 1∶1 型十二酸二乙醇酰胺（dodecyl acid diethanolamide 1∶1 type）

又称　1∶1 型月桂酸二乙醇酰胺。

（1）性质　1∶1 型十二酸二乙醇酰胺为白色至淡黄色固体，无毒，溶于乙醇、丙酮、氯仿等有机溶剂,难溶于水,当与其他表面活性剂调配时易溶于水,透明度好。具有优异的起泡性、稳定性、增泡性、增黏性、渗透性、洗净性、增稠性。

（2）用途　1:1 型十二酸二乙醇酰胺适用于洗发乳、轻垢洗涤剂、液体皂、餐洗剂、增稠剂、稳泡剂、缓蚀剂。

31. 月桂酸单乙醇酰胺(lauroylmonolamide)

又称　C₁₂6501。

（1）性质　月桂酸单乙醇酰胺具有良好的表面活性、钙皂分散力、乳化力、泡沫力及去污力。

（2）用途　月桂酸单乙醇酰胺可用作钙皂分散剂、洗涤剂、乳化剂、润湿剂、金属清洗剂、化妆品用分散渗透剂等。

32. 聚氧乙烯甲基葡萄糖苷硬脂酸酯(polyoxyethylene methyl glucoside sesqi‑stearate)

又称　乙氧基化甲基葡萄糖苷倍半硬脂酸酯。

（1）性质　聚氧乙烯甲基葡萄糖苷硬脂酸酯是淡黄色蜡状物,溶于水,无毒,对皮肤、眼睛无刺激,有良好的触变性能。

（2）用途　聚氧乙烯甲基葡萄糖苷硬脂酸酯是 O/W 型乳化剂,用作 O/W 型膏霜及蜜类化妆品的乳化剂。

33. 甲基葡萄糖苷硬脂酸酯(MS)

（1）性质　甲基葡萄糖苷硬脂酸酯是淡黄色片状物,不溶于水,具有较强的乳化性能,配伍性好,是优良的 W/O 型乳化液的乳化剂。

（2）用途　甲基葡萄糖苷硬脂酸酯是油溶性乳化剂,用作膏霜或乳液化妆品的主乳化剂。

34. 乙二醇葡萄糖苷硬脂酸酯(hydroxyethyloxy‑α(or β)‑D‑pyranoside stearate)

又称　EGSE,乙二醇基‑α(or β)‑D‑葡萄糖苷硬脂酸酯。

（1）性质　乙二醇葡萄糖苷硬脂酸酯是白色固体,无毒无害,可生物降解,亲水性比斯盘类更强。

（2）用途　乙二醇葡萄糖苷硬脂酸酯用作食品、医药、化妆品乳化剂,亲水性比斯盘类更强,W/O 型乳化力比单甘酯强。

35. 十二烷基苷(dodecyl polyglucoside)

又称　十二烷基葡萄糖苷,十二烷基多糖苷。

（1）性质　十二烷基苷无毒,无刺激,生物降解性好,具有杀菌和提高酶活力等特性。还具有非离子和阴离子两种表面活性剂的性能,降低表面张力的能力大,泡沫丰富,细腻稳定,去污和配伍性好。

（2）用途　十二烷基苷是新一代表面活性剂,作为主剂用来配制各种民用洗涤剂用品、化妆品及各种工业用清洗剂。

36. C₈₋₁₆烷基葡萄糖苷(C₈₋₁₆ alkyl glucoside)

又称　APG‑0816。

（1）性质　C₈₋₁₆烷基葡萄糖苷为微黄色流体或白色膏体,生物降解安全,无毒,对皮肤和眼睛无刺激,去污力强,表面张力低,泡沫丰富细腻而稳定。相容性好,可与各种表面活性剂复配,具有增稠、稳泡、增泡作用,协同效应好。

(2)用途　$C_{8\sim16}$ 烷基葡萄糖苷在日化工业主要用来配制餐具洗涤剂、硬表面清洗剂、洗发乳和浴液等,也用作化妆品、食品、医药添加剂。

37.琥珀酸月桂醇醚单酯(polyoxyethylene dodecyl ether succinate monoester)

又称　琥珀酸十二醇醚单酯。

(1)性质　琥珀酸月桂醇醚单酯属于单酯型非离子表面活性剂,具有较好的去污力、表面张力、润湿力。

(2)用途　琥珀酸月桂醇醚单酯用作化妆品行业 O/W 乳化剂,还应用在日化、食品、医药、纺织工业领域。

38.甘油葡萄糖苷硬脂酸酯(glycerol glucoside stearate)

又称　GGE,丙三醇葡萄糖苷硬脂酸酯。

(1)性质　甘油葡萄糖苷硬脂酸酯为白色固体,无毒无害,可生物降解,水溶性比斯盘类好,W/O 型乳化力比单甘酯高。

(2)用途　甘油葡萄糖苷硬脂酸酯为 W/O 型乳化剂,适用于化妆品和医药的乳化剂。

39.聚氧乙烯貂油(polyoxyethylene mink oil ether)

又称　貂油聚氧乙烯醚。

(1)性质　聚氧乙烯貂油具有一定的调理性和增溶作用以及乳化、润湿、钙皂分散性能。

(2)用途　聚氧乙烯貂油用作分散润湿剂、乳化剂,配制透明的洗发乳以及其他化妆品。

40.月桂酸甘油酯聚氧乙烯醚[polyoxyethylene glycerine mono and diaurate(mixture)]

(1)性质　月桂酸甘油酯聚氧乙烯(30)醚 LIA 常温下为黄色软糊状品,对皮肤和眼睛刺激性小,低毒,无致敏作用。具有良好的起泡性、乳化性、及耐硬水性,起增稠、柔软作用。

(2)用途　月桂酸甘油酯聚氧乙烯醚用作不刺激眼睛和皮肤的洗发乳原料,还可用作化妆品乳化剂。

41.棕榈酸单乙醇酰胺(palmitamide MEA)

又称　十六酸单乙醇酰胺。

(1)性质　棕榈酸单乙醇酰胺是浅黄色蜡状物,可用作珠光剂或改善乙二醇硬脂酸酯珠光系统的外观和稳定性,也可作增黏剂。

(2)用途　棕榈酸单乙醇酰胺是一种高熔点的酰胺类非离子表面活性剂,适用于配制洗发乳、浴剂和化妆品。

42.硬脂酸甘露醇酐酯(mannitan stearate)

又称　硬脂酸甘露糖醇酐酯,乳化剂7501。

(1)性质　硬脂酸甘露醇酐酯是浅黄色片状物,微溶于石油醚、乙醚,能溶于热乙醇、苯、含氯有机溶剂,能分散于热水中,具有乳化、分散、润湿等性能。

(2)用途　硬脂酸甘露醇酐酯用作化妆品的乳化剂、分散剂。

43. 二硬脂酸乙二醇酯(ethylene glycol distearate)

(1)性质　二硬脂酸乙二醇酯是浅黄色蜡状固体,有调理性、抗静电性,有珠光和增稠作用。

(2)用途　二硬脂酸乙二醇酯用作化妆品增稠剂、珠光剂。

44. 貂油酸甲酯(methyl mink oil acid ester)

(1)性质　貂油酸甲酯是无色、无味、透明的油状液体。

(2)用途　貂油酸甲酯用作头发光亮剂,并有护发功能,是发乳、摩丝、焗油膏、喷发胶的良好原料。

45. 貂油酸异丙酯(isopropyl mink oil acid ester)

(1)性质　貂油酸异丙酯是黄色透明液体,除了保留水貂油的优良特性以外,无臭味。

(2)用途　貂油酸异丙酯适宜配制膏霜、浴液、护发产品等。

六、表面活性剂的应用实例

[例1]芦荟美容面膜的制备

芦荟:芦荟凝胶(aloe vera gel)的皮肤渗透性很强,可以直达皮肤深层。内含丰富的维生素、氨基酸、脂肪酸、多糖类物质,它的美颜功效几乎是全能的。

橄榄油:橄榄油富含与皮肤亲和力极佳的角鲨烯和人体必需脂肪酸,吸收迅速,有效保持皮肤弹性和润泽;橄榄油中所含丰富的单不饱和脂肪酸和维生素 E、维生素 K、维生素 A、维生素 D 等及酚类抗氧化物质,能消除面部皱纹,防止肌肤衰老,有护肤护发和防治手足皲裂等功效,是可以"吃"的美容护肤品,另外用橄榄油涂抹皮肤能抗击紫外线防止皮肤癌。橄榄油被认为是迄今所发现的油脂中最适合人体营养的油。

蜂蜜:护肤美容,新鲜蜂蜜涂抹于皮肤上,能起到滋润和营养作用,使皮肤细腻、光滑、富有弹性。具有润肤去皱、益颜美容的功效。

吐温-80:非离子型 O/W 乳化剂。

司盘-80:用于 W/O 型乳化剂。

芦荟面膜配方如表4-1所示。

表4-1　　　　　　　　　　　芦荟面膜配方

组分名称	含量/g	组分名称	含量/g
芦荟粉	0.5	吐温-80	0.5
橄榄油	5.0	司盘-80	0.2
蜂蜜	6.0	次氯酸钠溶液	100

芦荟美容面膜的制备步骤如下。

①取 0.5g 芦荟粉,加入 100mL 次氯酸钠溶液搅拌溶解。

②用六层纱布过滤,收集滤液备用。

③将橄榄油、吐温 – 80、司盘 – 80 混合均匀制成混合液,将步骤 2 所得的滤液溶于混合液中,混匀。

④加入蜂蜜充分搅拌,搅拌均匀后装瓶备用。

⑤使用时取出适量,放入已经在水中吸收膨胀的压缩面膜纸,待面膜纸充分吸收其中的营养液后,取出敷于脸部。

⑥注意事项。次氯酸钠具有一定的腐蚀性,使用时尽量不要接触皮肤。

[例2]洗手液的制备

洗手液主要由水、表面活性剂、助洗剂、增稠剂、香精、色素等构成。根据表面活性剂的原理,LAS:AES = 6:4 ~ 9:1 时复配体系在油和水的界面张力有明显的增效作用。在考察以 LAS、AES、6501 为原料的液体洗涤剂在低温时的黏度及产品的稳定性时发现,在 LAS:AES = 1.2 ~ 1.5,调整 NaCl 含量,而 AES:6501 = 5:1 时可使产品具有较好的黏度和低温稳定性。通过 NaCl 来调节黏稠度。AES 在碱性中稳定,在酸性中易水解,苯甲酸钠水解后呈碱性。

洗手液配方如表 4 – 2 所示。

表 4 – 2　　　　　　　　　　　　　洗手液配方

组分名称	含量/g	组分名称	含量/g
LAS(35%)	13.0	珠光剂	1.0
AES(70%)	10.0	香精	2 滴
苯甲酸钠	0.5	苹果绿/玫瑰红	2 滴
NaCl	2.0	去离子水	加水至 100.0

洗手液的制备步骤如下。

(1)以配制 100g 产品为基准。用 200mL 的烧杯,按配方要求用加量法分别称取 10.0g AES,13.0g LAS 和 0.1g 尼泊金甲酯或尼泊金丙酯。

(2)在称好原料的烧杯中加入 60g 去离子水,在电炉上加热至 60 ~ 70℃,搅拌使原料全部溶解。

(3)适当降温后,用加量法加入甘油适量和珠光剂 1g,搅拌均匀。

(4)加入余量去离子水(约 10g),适量香精和苹果绿,搅拌均匀。

(5)搅拌下缓慢加入 2g NaCl,调节产品黏度。

(6)注意事项

①在实验中色素分为油溶性和水溶性两种,如果使用水溶性色素,需要用适量的水溶解分散后才可以用。

②NaCl 起到调节黏度的作用,加入量根据最终得到的产品适当加入。

[例3]油包水型护肤霜

油包水型护肤霜配方如表 4 – 3 所示。

表4-3 油包水型护肤霜配方

组分	质量分数/%	组分	质量分数/%
乙氧基化氢化蓖麻油	4.00	甘油	15.00
羊毛乙醇	1.50	甲氧基肉桂酸辛酯	2.50
蜂蜡	3.00	甲基亚苄基樟脑	2.50
凡士林	4.00	维生素E	1.00
地蜡	4.00	七水合硫酸镁	0.70
石蜡油	5.00	香精、防腐剂、色素、抗氧化剂	适量
AK10	5.00	水	余量

该产品稳定,不发黏,对皮肤有保湿、调理作用。

[例4] 珠光整理洗发乳

珠光整理洗发乳配方如表4-4所示。

表4-4 珠光整理洗发乳配方

化合物	质量分数/%	化合物	质量分数/%
月桂醇硫酸钠(sipon·L-22)	50.00	珠光浓缩液(sipoterlc 1442)	5.00
乙二醇	0.10	二乙醇胺椰子酰胺(siponmide 1500)	3.50
柠檬酸	0.15	椰子酰胺丙基甜菜碱(sipoferic COB)	2.80
PCA钠(ajidew N-50)	1.00	香精、着色剂、防腐剂	适量

制法为加入水后,余下的组分逐一加入,在加入下一个组分之前充分搅拌,形成均匀的混合物。

在实验室中,本产品可在室温下制得。加热至40~45℃可加速某些组分的溶解。

[例5] 气溶胶洗发乳

本配方(表4-5)能产生大量黏稠的泡沫,这些泡沫可将整理剂分散于头发中。

表4-5 气溶胶洗发乳配方

化合物	质量分数/%	化合物	质量分数/%
月桂醇硫酸钠	30.0	柠檬酸	适量,至pH=6.0
椰子酰胺丙基甜菜碱(lexaine C)	8.0	香精、防腐剂	适量
椰子三铵胶原水解物(lexein Qx3000)	3.0	去离子水	至100.0
氯化钠	适量,至2.000厘泊		

制法为加热水至60℃,搅拌下加入月桂醇硫酸钠和椰子酰胺丙基甜菜碱。调节pH,加入椰子三铵胶原水解物。用氯化钠调节黏度。再加入剩余组分。冷却,罐装于气溶胶

容器中。浓缩物:喷射剂 = 95:5。

[例 6] 婴儿用洗发乳

婴儿用洗发乳配方如表 4 – 6 所示。

表 4 – 6 婴儿用洗发乳配方

化合物	质量分数/%	化合物	质量分数/%
28% 月桂醇硫酸钠（elfan NS242）	15.000	黄色着色剂	0.002
45% 月桂酰胺乙二醇琥珀酸二钠（elfauol 850）	12.00	香精油	0.500
30% 月桂基甜菜碱（armoteric LB）	10.000	nonoxynol – 9	0.500
Talloweth – 60 肉豆蔻乙二醇（elfacos GT282S）	3.200	软化水	至 100.000
甲基氯化异噻唑啉酮和甲基异噻唑啉酮	0.003		

制法为加热水至 70 ~ 80℃,快速搅拌下加入增稠剂,以 15% talloweth – 60 肉豆蔻乙二醇的水溶液作为增稠剂。冷却并继续搅拌。约 40℃时溶液澄清。

[例 7] 去头屑洗发乳

去头屑洗发乳配方如表 4 – 7 所示。

表 4 – 7 去头屑洗发乳配方

化合物	质量分数/%	化合物	质量分数/%
去离子水	61.3	月桂酰肌氨酸钠（maprosyl30）	10.0
黄原胶（keltrol）	0.5	锌吡啶酮 48% 分散液（zine omadine）	3.0
着色剂	—	对羟基苯甲酸甲酯	0.2
月桂醇硫酸三乙醇胺酯（stepanol WAT）	25.0	香精	—

制法为使黄原胶在水中完全水化。在 Lightnin 型混合器中用中等到高剪切力至少混合 10min。加入着色剂后继续搅拌。在一分离器中,将（B）慢慢混合,不要有气泡形成。再将（B）慢慢加入到（A）中,混合均匀.

[例 8] 液体香皂

液体香皂配方如表 4 – 8 所示。

表 4 – 8 液体香皂配方

配方	1（wt%）	2（wt%）
椰油/棕榈仁油脂肪酸	10.0	8.0
油酸	5.0	12.0
单乙醇胺	2.0	3.2
三乙醇胺	5.0	6.1
丙二醇/甘油	3.0	5.0

续表

配方	1（wt%）	2（wt%）
乙氧基化羊毛脂	3.0	—
鳄梨油	—	0.5
抗氧化剂	0.2	0.2
防腐剂	0.2	0.2
香精,香料,朱光剂,柠檬酸,去离子水或蒸馏水（调节 pH 至 9.0）	适量	适量

[例9]含表面活性剂的液体皂

含表面活性剂的液体皂配方如表 4 - 9 所示。

表 4 - 9　　　　　　　　　　含表面活性剂的液体皂配方

配方（wt%）	1	2	3	4
月桂基硫酸钠	27	—	—	—
月桂基醚硫酸钠 3EO	—	30	—	—
月桂基醚硫酸钠 2EO	—	—	25	20
月桂基单乙醇胺硫酸盐	—	—	7	—
月桂基二甲基甜菜碱	—	—	7	7
椰油酰胺基丙基二甲基甜菜碱	—	8	—	—
椰油二乙醇酰胺	4	—	2	5.5
月桂酸二乙醇胺	—	4	—	—
N - 月桂基肌氨酸钠	—	—	—	6
甘油	—	—	—	3
珠光剂、氧化钠/乙二醇、柠檬酸/乳酸、防腐剂、香料、色料、蒸馏水/去离子水	适量	适量	适量	适量

[例10]洗发乳

洗发乳配方如表 4 - 10 所示。

表 4 - 10　　　　　　　　　　洗发乳配方

原料名称	质量分数/%	原料名称	质量分数/%
C14S	0.20	CAB	3.00
JR400	0.10	DC1785	1.00
U20	0.30	DC7137	3.00
EDTS	0.10	珠光浆	6.00
6501	2.50	柠檬酸	0.10
混合醇	0.50	灿烂香精	0.30
AES 复合铵盐	9.00	卡松	0.05
AES	10.00	DMDMH	0.30
TC90	0.50	去离子水	加水至100%

第五章　色素原料

色素是赋予化妆品一定颜色的原料,通常称为着色剂。色素原料通过溶解或分散而使化妆品的基质原料和其他原料着色。在使用中,对水溶性或油溶性着色剂常先制成溶液,对不溶性着色剂则将其分散在介质中。化妆品中的着色剂应具有以下特点:安全性高,应无致变性,致过敏性及致癌性等;光稳定性好,在紫外线的照射下不易变色和褪色;与化妆品其他原料相容性稳定;与化妆品的功效性不矛盾。

用化学方式合成的色素称为合成色素。化妆品用的色素要求与食用色素相同。合成色素能溶于水,应用于膏霜、乳液、洗发乳、面膜、精华素。

第一节　化妆品用色素的定义

一、色泽的判断

1. 色调(color)

表示其颜色。

2. 亮度(brightness)

表示明亮的程度。

3. 彩度(Chroma)

是指彩色所具有色调的色泽强弱程度的不同。

二、色素的定义

所谓色素(coloring),是指那些具有浓烈色泽的物质,当和其他物质相接触时能使其他的物质着色。一般地,颜料和染料可作为色素。

颜料(pigment),是指那些白色或有色的化合物,一般不溶于水、醇或油等溶剂的着色粉末(沉淀)性色素。通常,颜料具有较好的着色力、遮盖力、抗溶剂性等特点。

染料(dye),是指那些溶解于水、醇及矿物油,并能以溶解状态使物质着色的色素。染料可分为水溶性染料和油溶性(溶于油和醇)染料。两者在化学结构上的差别是前者分子中含有水溶性基团,如羧酸基、磺酸基等,而后者分子中则不含有水溶性基团。

三、调色剂与色淀

调色剂(toner),指不含吸收剂或稀释剂组分的较纯粹的有机颜料,是在高浓度条件下使用的颜料。

色淀(lake),它是由可溶性有机染料通过反应生成不溶性金属盐而沉淀出,并将其吸附于抗水性颜料而形成。使可溶性酸性染料转变成不溶性酸性盐染料沉淀出,或使这些金属盐吸附于抗水性颜料,都能形成色淀。这时沉淀剂已是色淀的组成部分,例如,某种水溶性染料生成难溶于水的钙盐、钡盐等就是色淀形成的方法。

四、与色素有关的术语

(1)食用色素(food drug and cosmetic,FD&C)指可以适用于食品、药品和化妆品的色素。

(2)非食用色素(drug and cosmetic,D&C)指可以适用于药品和化妆品,而不能用于食品的色素。

(3)外用色素(external drug and cosmetic,Ext. D&C)指只能适用于外用药品和化妆品,而不能接触唇部或任何就膜部位的色素。

(4)料索引号(color index)指国际染料学术组织将各种色素统一命名和编号的索引号,将其染料索引名称、色素号(color index generic name 或 CI generic name)也统一给出。

(5)美国食品和药物管理局规定的官方名称(Food and Drug Administration Official name)。

五、化妆品用色素原料要求

根据化妆品的性能和作用,对化妆品色素的要求如下。
(1)颜料鲜艳、美观、色感好;
(2)着色力强,透明性好或遮盖力强;
(3)与其他组分相容性好,分散性好;
(4)耐光性、耐热性、耐酸性、耐碱性和耐有机溶剂性强;
(5)安全性高,在允许使用范围及限制条件下无毒、无刺激性等。

六、色素原料在化妆品中的稳定性

色素原料在化妆品的稳定性直接影响着化妆品的质量,优良的色素应具有色泽亮丽、纯度高、着色力强、杂质含量少、稳定性高和一致性高的特点。但是色素的稳定性往往受到环境条件的影响。

1. 紫外线的影响

由于色素自身结构的原因,有些色素在紫外光线照射下,会发生结构变化,进而引起色素变色。在使用中应避免紫外光线直接照射。

2. 温度的影响

在化妆品中,由于色素大多数存在于水基环境中,温度提高会引起部分色素的水解,造成色素变质。

3. pH 的影响

化妆品中酸碱度的变化,也会引起部分色素结构的变化,在使用过程中应引起重视。通过色素的合理筛选,避免该现象发生。

4. 金属离子和不溶物质的影响

金属离子和不溶性物质往往会同色素分子发生化学反应或分子间聚合,造成色素分子发生变化,分子质量提高,色素的溶解性和颜色发生变化。

5.还原剂的影响

有些色素的分子结构不稳定,在有还原剂存在的情况下,会发生化学反应,引起色素变色等现象。

除了上述因素外,加工方法、微生物和色素自身的颗粒大小对色素在化妆品中的稳定性也有一定的影响。在实际使用中要引起足够的重视。

第二节　化妆品用色素的原料

一、化妆品用主要色素原料

1.二氧化锆(zirconium oxide)

(1)性质　天然的有斜锆石、锆氧石及绿锆石。其中斜锆石型的为黄白色的单斜晶体,不溶于水溶于热浓硫酸、氢氟酸。锆氧石型的在1000℃以下为单斜晶系的,1000℃以上为等轴晶系的无色晶体,能溶于水、硫酸、氢氟酸,与碱共熔生成锆酸盐,化学性质稳定。

(2)用途　二氧化锆在化妆品种用作颜料。

2.叶绿素(chlorophyll)

(1)性质　叶绿素为绿至暗绿色的块、片或粉末,或黏稠状物质,略带异臭。叶绿素a的熔点为150~153℃,叶绿素b的熔点为183~185℃。不溶于水,溶于乙醇、乙醚、丙酮等溶剂。对光和热敏感,在稀碱液中可皂化水解成鲜绿色的叶绿酸、叶绿醇及甲醇,在酸溶液中可成暗绿褐色脱镁叶绿素。

(2)用途　叶绿素可食用,也用于肥皂、矿油、蜡和精油的着色。叶绿素及生物可与杀菌剂洁儿灭、卤卡班等并用作为除臭化妆品的配方。

3.亚铁氰化铁(ferric ferroeyanide)

又称　普鲁士蓝。

(1)性质　亚铁氰化铁为暗蓝色晶体或粉末,是一种深颜色颜料,着色力高、耐光性很大、耐弱酸、不耐碱。不溶于水、乙醇、乙醚和稀酸。

(2)用途　亚铁氰化铁是化妆品蓝色颜料,用于眼黛、眉笔等美容品中。

4.鸟嘌呤(guanine)

又称　鸟尿环、2-氨基次黄质。

(1)性质　鸟嘌呤为斜方晶体,不溶于水,微溶于醇、醚,溶于氨水、氢氧化钾水溶液、稀的酸类。

(2)用途　鸟嘌呤属于天然白色颜料,无毒,一般化妆品中都可使用。

5.坚牢红(fast red E)

又称　食用大红。

(1)性质　坚牢红为红至棕色粉末或颗粒,微溶于乙醇,溶于水。

(2)用途　坚牢红是食用及化妆品用红色素。

6.还原红1(vat red 1)

又称　还原桃红 R。

(1)性质　还原红 1 为桃红色细粉,不溶于水、乙醇和丙酮,溶于二甲苯呈红色并带黄色的荧光溶液,遇浓硫酸和硝酸呈红色。

(2)用途　还原红 1 主要用于棉织物印花及染色,还可用作颜料及颜料的着色。特别适用于毛巾被单的印染,色光极为鲜艳。

7. 食品红 1(food red 1)

(1)性质　食品红 1 不溶于植物油,微溶于乙醇,能溶解于水。其色调为亮黄光红色至红色。

(2)用途　食品红 1 用于樱桃的着色,也可用作化妆品的着色剂,但不得用于眼部、口腔及唇部化妆品。

8. 食品红 7(food red 7)

又称　胭脂红。

(1)性质　食品红 7 为红至暗红色颗粒或粉末,无臭。不溶于油脂及其他有机溶剂,微溶于乙醇和纤维素,易溶于水,呈红色。遇浓硫酸呈紫色,稀释后呈红光橙色,遇浓硝酸呈黄色溶液。它的水溶液遇浓盐酸呈红色,加浓氢氧化钠溶液呈棕色,对柠檬酸、酒石酸稳定。耐光、耐热性强,耐还原性差,吸湿性强。

(2)用途　食品红 7 用于食用红色色素,药物及化妆用香精、花露水、牙膏、浴液、洗发乳等化妆品方面,但不得用于眼部化妆品。

9. 食品红 8(food red 8)

又称　食用杨梅红。

(1)性质　食品红 8 不溶于植物油,微溶于乙醇,易溶于水,呈品红色。遇浓硫酸呈紫色,稀释后呈桃红色,遇浓盐酸呈品红色,加浓氢氧化钠溶液呈红棕色,耐光、耐热性强,耐碱性差,耐果酸和苯甲酸好。

(2)用途　食品红 8 用于食品着色。

10. 食品红 9(food red 9)

又称　苋菜红。

(1)性质　食品红 9 为红棕色至暗红棕色颗粒或粉末,无臭。不溶于其他有机溶剂,微溶于乙醇和纤维素,易溶于水。遇浓硫酸呈紫色,稀释后呈红光橙色,遇浓盐酸呈棕色,有黑色沉淀。水溶液遇浓盐酸呈品红色,遇氢氧化钠溶液呈红棕色,对柠檬酸、酒石酸稳定。耐光、耐热性强,耐氧化,耐还原性差,染色力较弱。

(2)用途　食品红 9 用于食用红色色素,药物化妆用香精、花露水、牙膏、浴液、洗发乳、头油、头蜡等化妆品方面,但不得用于眼部化妆品。

11. 食品红 14(food red 14)

又称　食用樱桃红。

(1)性质　食品红 14 为红至红褐色粉末或颗粒,无臭。不溶于油脂,溶于乙醇、丙二醇和甘油,溶于水呈不带荧光的樱桃红色。耐光、耐热,耐还原性好,耐酸碱性差,在碱中稳定,在酸中可发生沉淀,吸湿性强。

(2)用途　食品红 14 用于化妆用香精、花露水、牙膏、浴液、洗发乳、头油、头蜡等化妆品方面,但不得用于眼部化妆品。

12. 食品红 17(food red 17)

(1)性质 食品红 17 不溶于植物油,微溶于乙醇,溶解于水,其色调为黄光红色至红色。

(2)用途 食品红 17 用于食品及化妆品的着色,但不得用于眼部化妆品。其铝色淀在化妆品中作为红色颜料用于唇膏及面部化妆品中,但不得推荐用于指甲油。

13. 食品绿 3(food green 3)

又称 坚牢绿。

(1)性质 食品绿 3 为带金属光泽的暗绿色颗粒或粉末,无臭。易溶于水、甘油、乙醇和乙二醇,呈蓝绿色,碱性水溶液变为蓝色或紫色。耐热性、耐光性及耐还原性好,对柠檬酸、酒石酸稳定,吸湿性强,遇碱不稳定。

(2)用途 食品绿 3 用于食用色素,与其他色素用于配制糖食制品、清凉饮料及药品的着色。在化妆品中主要用于浴液及洗发乳的着色,但不得用于眼部化妆品中。

14. 食品黄 3(food yellow 3)

又称 晚霞黄。

(1)性质 食品黄 3 为橙红色粉末或颗粒,无臭,吸湿性强。易溶于水、甘油、丙二醇,微溶于乙醇,而不溶于油脂中。耐热性、耐光性及耐还原性好,对柠檬酸、酒石酸稳定,遇碱不稳定。遇浓硫酸呈红光橙色,稀释后呈黄色。其水溶液遇浓盐酸不变,遇浓氢氧化钠变棕红色。具有酸性染料特性,能使动物纤维直接染色,并可用于铝盐色淀的原料。

(2)用途 食品黄 3 用于食用黄色色素,也用于药品和化妆品的着色,但不得用于眼部化妆品。

15. 食品黄 4(food yellow 4)

又称 酒石黄,食用柠檬黄。

(1)性质 食品黄 4 为橙黄色粉末或颗粒,无臭。吸湿性强。易溶于水呈黄色溶液,溶于甘油、乙二醇,微溶于乙醇,而不溶于油脂和其他有机溶剂。耐热性、耐光性好,对柠檬酸、酒石酸稳定,遇碱不稳定。遇浓硫酸呈黄色,稀释后呈黄色,遇浓硝酸呈黄色溶液。它的水溶液加盐酸色泽不变,遇碱稍变红色,还原时褪色。

(2)用途 食品黄 4 用于食用黄色色素,药物及化妆用香精、药膏、花露水、洗发乳、浴液、头油、头蜡等化妆品的着色,但不能用于眼部化妆品。

16. 食品橙 3(food orange 3)

又称 食用苏丹黄。

(1)性质 食品橙 3 为黄橙色粉末,微溶于水,溶于乙醇、乙醚和植物油。遇浓硫酸呈红棕色,稀释后呈黄棕色溶液,然后转变为暗橙色沉淀,遇 2% 的氢氧化钠(加热)呈橙棕色溶液。其水溶液遇浓盐酸稍微变深,继而呈浅棕色沉淀。耐光性好,耐碱性差。

(2)用途 食品橙 3 在化妆品中用于皂类、口红等产品的着色。

17. 食品蓝 1(food blue 1)

又称 食用靛蓝。

（1）性质 食品蓝 1 为蓝色粉末或颗粒,易溶于水,呈青紫色。溶于 30% 乙醇、甘油、丙二醇和稀糖浆中,微溶于乙醇,不溶于油脂。耐热、耐光、耐碱性差,吸湿性强。遇浓硫酸呈深蓝紫色,稀释后呈蓝色。它的水溶液加氢氧化钠呈绿至黄绿色。

（2）用途 食品蓝 1 化妆用香精、药膏、花露水等化妆品的着色,但不能用于眼部化妆品。

18. 食品蓝 2（food blue 2）

又称 亮蓝 FCF。

（1）性质 食品蓝 2 为带金属光泽的红紫色颗粒或粉末,无臭。易溶于水呈蓝色,溶于乙醇、甘油和丙二醇。遇浓硫酸呈浅黄色,稀释后由黄色变绿色和绿光蓝色。其水溶液遇氢氧化钠沸腾下呈紫色。

（2）用途 食品蓝 2 应用于药品及浴液、洗发乳、口腔用品等化妆品着色。

19. 荧光桃红（phloxine）

又称 玫瑰红。

（1）性质 荧光桃红为红至暗红褐色颗粒或粉末,无臭。易溶于水、乙醇,呈橙红色,水溶液发黄绿色荧光。溶于甘油、丙二醇,不溶于油脂醚。耐光性差,耐热性较好,碱性条件下稳定,遇酸产生沉淀。

（2）用途 荧光桃红安全性高,应用于食用橙红色素及化妆品色素。其铝色锭主要用于唇膏,也可用于面部化妆品种,不得用于眼部化妆品中。

20. β – 胡萝卜素（β – carotene）

（1）性质 β – 胡萝卜素为紫红或暗红色的结晶性粉末,不溶于水,微溶于乙醇和乙醚,易溶于氯仿和苯。

（2）用途 β – 胡萝卜素作为无毒性黄色色素用作着色剂,一般在化妆品中使用。

21. 栀子红色素（gardenia red）

（1）性质 栀子红色素为暗红色粉末,略带特殊气味,无味,无吸湿性。不溶于无水乙醇,溶于水,易溶于 50% 以下的丙二醇水溶液及 30% 以下的乙醇水溶液,呈鲜明紫红色。食盐对色值、色调无影响。对蛋白质和碳水化合物的染色性良好。

（2）用途 栀子红色素可用于一般食品,安全性好,可添加于化妆品中。

22. 栀子绿色素（gardenia green）

（1）性质 栀子绿色素为绿色粉末,无臭,无味。易溶于水、含水乙醇、含水丙二醇,呈鲜明绿色,吸湿性小。

（2）用途 栀子绿色素可用于一般食品,安全性好,可添加于化妆品中。

23. 栀子蓝色素（gardenia blue）

（1）性质 栀子蓝色素为蓝色粉末,无臭,无味。易溶于水、含水乙醇、含水丙二醇,呈鲜明蓝色,吸湿性小。

（2）用途 栀子蓝色素可用于一般食品,安全性好,可添加于化妆品中。

24. 钛云母珠光颜料（mica – titanium dioxide pearl pigment）

（1）性质 钛云母珠光颜料是一种新型珠光颜料,是在片状云母表面涂上一层二氧化钛,通过光的干涉现象而呈现出柔和的珠光或闪光光泽。

（2）用途　钛云母珠光颜料广泛应用于化妆品、塑料、涂料、油墨、造纸、皮革、纺织、橡胶、陶瓷、建筑装饰材料等工业中。40 目的钛云母珠光颜料可作金粉和银粉粉饼、喷雾发胶等闪光化妆品的添加剂,325 目以上的可用作眼影、口红等。

25. 氧化铁红(iron oxide red)

又称　三氧化二铁。

（1）性质　氧化铁红为红至红棕色粉末,无臭。不溶于水、有机酸及有机溶剂,溶于浓无机酸。对光、热、空气稳定,耐酸、耐碱,分散性良好,遮盖力及着色力强。色调柔和、悦目,对紫外线有良好的不穿透性。人体不吸收,无副作用。

（2）用途　氧化铁红用于化妆品着色,一般化妆品中均可使用。主要用于面部、眼部化妆品中,如粉底霜、粉饼、眼影等,唇膏、指甲油中也可使用。

26. 氧化铁黄(iron oxide yellow)

（1）性质　氧化铁黄为黄色粉末,无臭。不溶于水、有机酸及有机溶剂,溶于浓无机酸。耐光、耐酸、耐碱,遮盖力及着色力强,分散性良好。耐热度较高,人体不吸收,无副作用。

（2）用途　氧化铁黄用于化妆品着色,一般化妆品中均可使用。主要用于如粉底霜、粉饼、眼影等面部、眼部的化妆品中。

27. 氧化铁黑(iron oxide black)

又称　四氧化三铁。

（1）性质　氧化铁黑为黑色粉末,无臭,不溶于水或有机溶剂。性能稳定,久晒不变色。着色力和掩盖力都很高,耐光和耐大气性良好。耐碱性好,但不耐酸,溶于热的强酸中。遇高温受热易被氧化,变成红色的氧化铁。无毒,人体不吸收,无副作用,剂量不限。

（2）用途　氧化铁黑用于化妆品着色,一般化妆品中均可使用。主要用于如粉底霜、粉饼、眼影、唇膏等化妆品中。

28. 氧化铬绿(chromic oxide)

又称　三氧化二铬。

（1）性质　氧化铬绿为绿色晶形粉末,有金属光泽,具有磁性。耐高温,耐日晒,遮盖力强。不溶于水,难溶于酸。对一般浓度的酸、碱、二氧化硫及硫化氢等气体无反应,具有优良突出的颜料品质和坚牢度,色调为橄榄色。

（2）用途　氧化铬绿用作化妆品的着色剂,主要用于眼部化妆品,但不得用于口腔及唇部化妆品中,不推荐应用于面部化妆品及指甲油。还用于搪瓷、玻璃、人造革、建筑材料的着色剂及制造耐晒涂料、印刷纸布的油墨、抛光膏、研磨材料等。

29. 氧氯化铋(bismuth oxychloride)

（1）性质　氧氯化铋为白色粉末,不溶于水,能溶于酸类。

（2）用途　氧氯化铋用作收敛剂和防腐剂,作为白色颜料在一般化妆品中使用。

30. 盐基紫 10(basic violet 10)

又称　碱性玫瑰精。

（1）性质　盐基紫 10 为亮绿色闪光结晶粉末,溶于水及酒精呈带强荧光的蓝色红色溶液,易溶于溶纤素,微溶于丙酮。遇浓硫酸呈黄光棕色,有强的绿色荧光,稀释后呈大红色转为蓝光红色和橙色,其水溶液加氢氧化钠加热呈红玫红绒毛状沉淀。

(2)用途　盐基紫 10 应用于浴液、洗发水、冷烫水等化妆品着色,但不得用于眼部、口腔及唇部化妆品中。用于供造纸工业纸张染色,与磷钼酸作用生成沉淀,用于制造油漆、图画等颜料。

31. 胭脂红(carmine)

又称　胭脂虫红。

(1)性质　胭脂红为带光泽的红色碎片或深红色粉末,几乎不溶于冷水和稀酸,微溶于热水,溶于碱液。

(2)用途　胭脂红用作食用红色色素,安全性好,也作为化妆品用色素。

32. 银朱 R(fast red R)

又称　3016 颜料银朱 R。

(1)性质　银朱 R 为红色粉末,色光鲜红。微溶于乙醇、丙酮及纯苯,不溶于水。流动性好,遮盖力强。耐光性好,但耐热性差。

(2)用途　银朱 R 用于制造油墨、水彩、油彩颜料、印泥等,还用于橡胶、天然生漆和化妆品及涂料的着色剂,但不得用于眼部化妆品中。

33. 喹啉黄(quinoline yellow)

(1)性质　喹啉黄为黄色粉末或颗粒,微溶于乙醇,溶于水。

(2)用途　喹啉黄用于食用黄色色素及化妆品色素。可用于面部化妆品、洗发乳、浴液中,不得用于眼部化妆品。

34. 硝酸银(silver nitrate)

(1)性质　硝酸银为无色透明斜方片状晶体,味苦。对光稳定,在有机物存在下,易被还原为黑色金属银。易溶于水和氨,微溶于酒精,难溶于丙酮、苯,几乎不溶于浓硫酸。其水溶液呈弱酸性,硝酸银在含氨的水溶液中遇葡萄糖、甲醛能还原而生成“银镜”。

(2)用途　硝酸银在日用化学工业用于染发,是唯一用于染睫毛、眉毛的产品。医药上用于杀菌、防腐剂。

35. 紫草宁(shikonin)

(1)性质　紫草宁为紫褐色针状晶体,溶于水、油脂及除石油醚、石油类以外的几乎所有有机溶剂。色调随 pH 而变化,pH4～6 为红色,pH7～8 为红紫色,pH9 为蓝紫色,pH10 为蓝色。遇铁离子变为深紫色,在碱性溶液中呈蓝色,在酸性条件下呈红色。有一定抗菌作用。

(2)用途　紫草宁用于食用紫色色素,及口红、膏霜、浴液、洗剂等化妆品。

36. 紫胶红色素(lac dye)

又称　虫胶红。

(1)性质　紫胶红色素为红紫色或鲜红色粉末或液体,色调随 pH 而变化,酸性时(pH3～5)为橙红色,中性时(pH5～7)为红至红紫色,碱性时(pH7 以上)为红紫色。微溶于水,溶于乙醇和丙二醇,不溶于棉籽油。

（2）用途　紫胶红色素可添加于化妆品中。

37. 群青（uiramarine blue）

又称　云青。

（1）性质　群青为蓝色粉末，色泽鲜艳。不溶于水，可消除及减低白色涂料或其他白色涂料中含有黄光的效应。耐高温、耐碱，但不耐酸，遇酸易分解而变色。着色力及遮盖力很低，无抗腐蚀性能，色调为绿蓝色。

（2）用途　群青在化妆品中主要用作眼黛、眉笔和香皂的色素，也可用于面部化妆品中，但不得用于口腔及唇部化妆品。还可用于涂料、造纸、印染、文教用品、橡胶、塑料、建筑用水泥、人造大理石等着色材料。

38. 酸性红 87（acid red 87）

又称　弱酸性红 A。

（1）性质　酸性红 87 为橘红色粉末，溶于水和乙醇呈黄绿色荧光的蓝光红色溶液。遇浓硫酸呈黄色，稀释后生成黄光红色沉淀。染色时遇铜离子色泽微蓝，遇铁离子时色泽蓝暗。

（2）用途　酸性红 87 用作红色染料，在化妆品中主要用于唇膏的着色剂，不得用于眼部化妆品，不推荐用于面部化妆品和指甲油。还用于红墨水、红铅笔、羊毛蚕丝、锦纶等织物的染色。

39. 酸性绿 25（acid green 25）

又称　弱酸性绿 GS。

（1）性质　酸性绿 25 为绿色粉末，可溶于邻氯苯酚，微溶于丙酮、乙醇和吡啶，不溶于氯仿和甲苯。在浓硫酸中为暗蓝色，稀释后呈翠蓝色。

（2）用途　酸性绿 25 用于丝、毛、锦纶及纺织物的染色，还用于皮革、纸张、化妆品（不得用于眼部）、肥皂的染色、木材、电化铝的着色等。

40. 酸性黄 73（acid yellow 73）

又称　酸性荧光黄。

（1）性质　酸性黄 73 水溶性好，可溶于水和乙醇（带有强的绿色荧光）。遇浓硫酸带有微弱荧光的黄色，稀释后为黄色沉淀，其水溶液加氢氧化钠为带有深绿色荧光的深色溶液。

（2）用途　酸性黄 73 主要用于海上显示荧光目标，也可用于医药、化妆品着色，但不得用于眼部、口腔及唇部化妆品。化妆品中用于浴液、洗发乳的着色。

41. 酸性橙 7（acid orange 7）

（1）性质　酸性橙 7 为金黄色粉末，溶于水呈红光黄色，溶于乙醇呈橙色，在浓硫酸中为品红色，稀释后生成棕黄色沉淀。其水溶液加盐酸生成棕黄色沉淀，加氢氧化钠呈深棕色。染色时遇铜离子趋向红暗，遇铁离子色泽浅而暗。

（2）用途　酸性橙 7 主要用于蚕丝、羊毛织品的染色，也可用于皮革、纸张的着色。可在毛、丝、锦纶上直接印花，也可用作指示剂和生物着色，还可用于化妆品的作色，但不得用于眼部、口腔及唇部化妆品，化妆品中主要用于浴液及洗发乳的着色。

42. 乙酸铅（lead acetate）

又称　醋酸铅。

（1）性质　乙酸铅为无色透明结晶粒状、块状或白色结晶粉末，微有醋味，有毒。能溶于水,稍溶于乙醇。在干燥空气中能风化,露置空气中因吸收二氧化碳而表面生成白色碳酸铅。能与酸类、碱类、盐类起化学反应。

（2）用途　铅酸铅用于医药、农药、染料、涂料等工业,化妆品中用作乌发乳的原料。

43.颜料红53:1(pigment red 53:1)

又称　金光红 C。

（1）性质　颜料红53:1为红色带荧光的粉末,颜色鲜艳。具有显示强烈金光彩色的特点,而金光又较为耐久牢固,制成的油墨流动性好,耐晒性和耐热性均较佳。遇浓硫酸呈樱桃红色,稀释后呈棕红色沉淀。不溶于丙酮和苯,微溶于10%热氢氧化钠、水和乙醇。遇氢氧化钾醇溶液呈深棕光红色,其水溶液遇盐酸呈红色沉淀,遇浓氢氧化钠溶液呈砖红色沉淀。

（2）用途　颜料红53:1用于制造金光红色油墨,橡胶制品的着色,还用于水彩颜料、蜡笔、铅笔及塑料制品等文教用品的着色。也用于化妆品的红色颜料,如口红、唇膏等面部化妆用品,不得用于眼部化妆用品,不推荐用于指甲油中。

44.颜料红57:1(pigment red 57:1)

又称　立索尔宝红 BK。

（1）性质　颜料红57:1为深红色带蓝光粉末,色光鲜艳。着色力高,耐酸、耐碱性好,耐晒性一般。不溶于乙醇,溶于热水呈荧光红色。遇浓硫酸呈品红色,稀释后为品红沉淀。水溶液遇盐酸为棕红色沉淀,遇浓氢氧化钠呈棕色。

（2）用途　颜料红57:1用于食用红色色素,作为红色颜料主要用于唇膏的着色剂,还可用于面部化妆品及指甲油中,不得用于眼部化妆品中。还可以用于油墨、油漆、塑料、油彩、水彩、橡胶等着色。

45.颜料红57:2(pigment red 57:2)

（1）性质　颜料红57:2为红色粉末,几乎不溶于水和醇,耐光性较好。

（2）用途　颜料红57:2主要用于唇膏及面部化妆品中。

46.颜料红63:1(pigment red 63:1)

又称　立索尔紫红 2R。

（1）性质　颜料红63:1为红酱色粉末,耐晒、耐热性较好。不溶于水,微溶于乙醇,遇浓硫酸呈蓝光紫红色,稀释后呈棕光紫红色沉淀,遇浓硝酸为暗紫红色,遇氢氧化钠呈棕红色溶液。

（2）用途　颜料红63:1作为红色颜料,在化妆品中主要用于指甲油的着色,不推荐用于面部化妆品中。其滑石色锭主要用于面部化妆品中,不得用于口腔及唇部化妆品。还可用于涂料、油墨、皮革涂饰剂、漆纸、人造革、塑料、橡胶制品的着色。

47.颜料橙5(pigment orange 5)

又称　永固橙 RN。

（1）性质　颜料橙5为橙色粉末,在浓硫酸中为紫红色,稀释后呈橙色沉淀,于硝酸和氢氧化钠中不变。耐晒、耐热、耐碱及耐酸均很好。

（2）用途　颜料橙5用于涂料工业的造漆、涂料印花浆、油墨、水彩和油彩的颜料及铅笔、橡胶、塑料制品及包装纸的着色。还可用于化妆品的着色,但不得用于眼部、口腔及唇部的化妆品。

48. 藏花素(crocin)

又称 栀子黄色素。

(1)性质 藏花素为红棕色针状晶体,微臭。易溶于热水,成为橙色溶液。微溶于无水乙醇、乙醚及其他有机溶剂。色调几乎不受 pH 影响,耐光耐热性在中性或碱性时佳,酸性时差,耐金属离子性差。

(2)用途 藏花素用于食用黄色色素,安全性好,可添加于化妆品中。

二、化妆品用色素的应用实例

所谓色素是指那些具有浓烈色泽的物质,当和其他物质接触时能使其他物质着色。常见色素分为两大类:其一为颜料,是指那些白色或有色的化合物,一般是不溶于水、醇或油等溶剂的着色粉末色素。通常而言,颜料具有较好的着色力和遮盖力;其二为染料,总体而言,染料是指能溶于水或可以转变为水溶性结构的一类物质。染料又可分为水溶性染料和油溶性染料,二者在化学结构上的分别是前者分子中含有水溶性基团,如羧酸基、磺酸基等,后者分子中则不含有水溶性基团。

化妆品中色素应满足以下几个要求。

(1)安全性高,应无致变性,治过敏性及致癌性等。

(2)光稳定性好,在紫外线的照射下不易变色和褪色。

(3)与化妆品其他原料相容性稳定。

(4)与化妆品的功效性不矛盾。

[例1]指甲油的制备

(1)溶剂或稀释剂 把指甲油滴在保丽龙上会产生凹陷及溶解保丽龙,主要是因为溶剂的关系,其目的在于让指甲油色泽均匀及快干,长时间涂抹情况下可能会引起甲面粗糙,无光泽。

(2)主要薄膜形成剂 主要形成指甲油涂抹后薄膜的成分。

(3)次要薄膜形成剂 增加指甲油涂抹后薄膜的柔软度、强韧度及减低脆性,但有些成分会引起过敏性接触性皮肤炎的可能性。

(4)塑形剂 让产品柔软易涂抹及增加可塑性。

(5)色剂及色料 让产品有各式各样的颜色,矿物性或合成性色料都有。

指甲油配方如表 5-1 所示。

表 5-1   指甲油配方

组分	质量分数/%	组分	质量分数/%
丙酮	37.8	醋酸丁酯	28.0
乳酸乙酯	18.0	苯二甲酸二丁酯	10.0
苯乙醇	5.0	硝化纤维	1.2
色素(酒精溶液)	适量		

指甲油制备的主要操作步骤：

（1）先将丙酮、醋酸丁酯、乳酸乙酯混合。

（2）溶硝化纤维于此混合液中。

（3）然后加入苯二甲酸二丁酯。

（4）最后以苯乙醇及色素溶液加入即成。

其中，色素先用酒精溶解；将硬脂酸及氨基三乙醇溶于水中，隔水加热使之溶解。

[例2]唇彩的制备

唇彩是为了赋予口唇的色彩，是为了呈现出口唇健康亮丽的红色。所以，多选用与唇相似的色泽或为了增强唇部的色彩而略加夸张。在唇彩的色调渐趋鲜艳的过程中又加上了珠光粉末，以增加唇部的亮度和视觉效果。

唇彩具有以下特征：

（1）膏体柔软而富质感，呈黏稠液状或薄体膏状。

（2）颜色多为鲜艳夺目，也有浅淡剔透和无色透明的。

（3）上色后，双唇晶莹亮丽，湿润清爽，具闪烁折光效果，增加唇部立体感。

（4）一年四季，使用唇彩呵护双唇，可滋润保湿。

（5）因油分含量高，所以容易脱妆，即"被吃掉"。

唇彩与唇膏是有区别的。唇彩为黏稠液体或薄体膏状，富含各类高度滋润油脂和闪光因子，所含蜡质及色彩颜料少。晶亮剔透，滋润轻薄；上色后使双唇湿润，立体感强，尤其在追求特殊妆扮效果时表现突出，但较易脱妆。而唇膏成型膏状各类高度滋润油脂和闪光因子少，所含蜡质及色彩颜料多。油亮透明度和滋润保湿性不及唇彩，但在唇部的附着力较高，尤其在不脱色技术上显著。

唇彩配方如表5-2所示。

表5-2   唇彩配方

化合物	质量分数/%	化合物	质量分数/%
橄榄油（或其他植物油）	80~90	营养成分（维生素A、维生素E）	1粒
蜂蜡	10	香精	适量
防腐剂（尼甲或尼丙）	0.1	色素	适量

唇彩制备的主要操作步骤：

（1）将唇彩管、烧杯、玻璃棒等放在消毒柜里消毒，如果没有消毒柜的话，可以用医用酒精浸泡阴干。

（2）按上述配方，将蜂蜡与橄榄油倒入烧杯中，置于不锈钢锅内，控制水浴加热温度约80℃，用玻璃棒搅拌至全部溶解。

（3）将蜂蜡与橄榄油搅拌均匀后，往烧杯中加入蜂蜜与防腐剂，一粒维生素E胶囊，最后向烧杯中滴入适量的香精和色素。

（4）上述配方中组分全部搅拌均匀溶解后，趁热将溶液倒入唇膏管内。

（5）注意事项　在制备过程中，确保所使用的烧杯、玻璃棒、唇彩管要保证干净无污染，否则所做产品不可使用。

[例3] 深棕色睫毛油

深棕色睫毛油配方如表5-3所示。

表5-3 深棕色睫毛油配方

组分	质量分数/%	组分	质量分数/%
黄色蜂蜡	8.00	对羟基苯甲酸丙酯	0.20
巴西棕榈蜡	2.00	蒸馏水	54.00
硬脂酸	4.00	阿拉伯胶	5.00
羊毛脂酸甘油酯	4.00	对羟基苯甲酸乙酯	0.30
鲸蜡醇	3.00	氧化铁棕	5.00
聚氧乙烯(300)	2.00	氧化铁红	1.00
丙二醇	2.00	氧化铁黑	3.00
三乙醇胺	2.00	香料	0.50

[例4] 薄膜式眼线

薄膜式眼线配方如表5-4所示。

表5-4 薄膜式眼线配方

组分	质量分数/%	组分	质量分数/%
黑色氧化铁	14.00	柠檬酸乙酰三丁酯	1.00
醋酸乙烯树脂乳液	45.00	精制水	19.00
甘油	5.00	防腐剂	适量
POE 失水山梨醇单油酸酯	1.00	香料	适量
羧甲基纤维素(10%水溶液)	15.00		

[例5] 粉底霜

粉底霜配方如表5-5所示。

表5-5 粉底霜配方

组分	质量分数/%	组分	质量分数/%
异硬脂酸	0.80	云母钛珠光颜料	5.00
硬脂酸	1.60	丙二醇	5.00
凡士林	2.00	滑石	1.00
氢氧化钾	0.27	尼龙粉	5.00
甘油	7.00	角鲨烷	10.00
CMC	0.10	精制水	55.43
甘油二异硬脂酸酯	2.00	胶体硅酸钠	0.80
异辛酸十六烷酯	2.00	香精	适量
防腐剂	适量		

第六章 防腐剂和抗氧化剂

化妆品中含有油脂、蜡、蛋白质、氨基酸、维生素和糖类化合物等,还含有一定量的水分,这样形成的体系往往是细菌、真菌和酵母菌等微生物繁衍的良好环境,在化妆品的生产、美容院现场调配中及化妆品的使用中,难免混入一些肉眼看不见的微生物,其结果是化妆品易发霉、变质,表现为乳化体被破坏、透明产品变混浊、颜色变深或产生气泡以及出现异常和 pH 降低等。

大部分化妆品中必须添加防腐剂,以起到防止和抑制微生物的生长繁殖的作用。

不同类型的化妆品原料其被微生物污染的风险不同。一般可分为 0~4 级。0 级:主要是酸、碱、醇等原料,基本无微生物风险,基本无需取样检测微生物指标。1 级:主要指无水的脂类、矿物油、凡士林等,微生物风险轻微,只需取样检查一次。2 级:这类原料被水稀释后变为微生物的营养物,如甘油等,其微生物风险低,一般需每年进行一次微生物取样和检测。3 级:此类原料具有中等微生物污染的风险,如表面活性剂、增泡剂、水解蛋白溶液、芦荟胶等,每批均需抽样检测。4 级:这类原料有极高的被微生物污染的可能性,它们大部分是水溶液,需要每天取样检测。

在化妆品中能够生长繁殖的微生物最主要是细菌,常见细菌有:绿脓杆菌、铜绿色假单胞菌、类产碱假单胞菌、荧光假单胞菌、恶臭假单胞菌、奥斯陆莫拉氏菌、阴沟肠杆菌、产气肠杆菌、产气克雷伯氏菌、欧文氏菌、葡萄球菌、链球菌、柠檬酸菌等。此外,常见的霉菌有青霉、曲霉、毛霉、酒霉等;常见的酵母菌有啤酒酵母、麦酒酵母、假丝酵母等。

使用防腐剂的目的是抑制外来污染微生物在化妆品中的生长繁殖,对微生物具有杀灭、抑制或阻止其生长的作用,起到防止化妆品变质的效果。抗氧化剂的目的是防止和减弱油脂的氧化酸败现象。

第一节 防腐剂和抗氧化剂

一、防腐剂和抗氧化剂的定义

为了保证化妆品在保质期内的安全有效性,常在化妆品中添加防腐剂和抗氧化剂,它们在化妆品中的作用是防止和抑制化妆品在使用、贮存过程中的败坏和变质。防腐剂是能够防止和抑制微生物生长和繁殖的物质,而抗氧化剂是能够防止和减缓油脂氧化酸败作用的物质。

1. 防腐剂

一般来说能抑制微生物生长繁殖的物质称防腐剂。防腐剂对微生物的作用,只有在足够的浓度与微生物直接接触的情况下,才能产生作用。防腐剂最先是与细胞外膜接触、吸附,穿过细胞膜进行细胞质内,然后才能在各个部位发挥药效,阻碍细胞繁殖或将其杀死。实际上,防腐剂主要是对细胞壁和细胞膜产生效应,另外是对影响细胞新陈代谢的酶的活性或对细胞质部分遗传微粒结构产生影响。

2. 抗氧化剂

抗氧化剂是指能防止或延缓物质氧化,提高化妆品的稳定性和延长贮存期的添加剂。抗氧化剂(antioxidants)是阻止氧气不良影响的物质。它能帮助捕获并中和自由基,从而去除自由基对人体的损害。

二、化妆品中理想防腐剂的特征

理想的化妆品用防腐剂应具备以下特征。

(1)对多种微生物都应有抗菌、抑菌效果。

(2)能溶于水或化妆品中其他成分。

(3)不应有毒性、刺激性和过敏性。

(4)在较大的温度范围内都应稳定而有效。

(5)对产品的颜色、气味均无显著影响。

(6)与化妆品中其他成分相容性好,即不与其他成分发生化学反应。

(7)不应对产品的 pH 产生明显反应。

(8)价格低廉、易得。

虽然防腐剂的品种很多,但能满足上述要求的并不多,特别是面部和眼部用化妆品的防腐剂更要慎重选择。

三、影响防腐剂效能的因素

1. 介质 pH

酸型防腐剂的抑菌效果主要取决于化妆品原料中未解离的酸分子,如常用山梨酸及其盐、苯甲酸及其盐等。一般情况其防腐作用随 pH 而定,酸性越强则效果越好,而在碱性环境中则几乎无效,如苯甲酸及盐适合 pH5 以下,山梨酸及盐则适合于 pH5～6。而酯型防腐剂,如羟基苯甲酸酯类在 pH4～8 均有效。

2. 防腐剂的溶解性

对于液体类的原料防腐剂要求均匀分散或溶解其中,对于易溶于水的防腐剂,可将其水溶液加入,如果防腐剂不溶或难溶,就要用其他溶剂先溶解或分散。需要注意防腐剂在化妆品不同相中的分散特性。如在油与水中的分配系数,特别是高比例油水体系的防腐剂很重要。例如,微生物开始出现于水相,而使用的防腐剂却大量分配在油相,这样防腐效果可能不佳,应选择分配系数小的防腐剂。另外,溶剂的选择需要注意有机溶剂有刺激性气味,如乙醇浓度大于 4% 就会感觉到明显的酒味。

3. 多种防腐剂的混合使用

每种防腐剂都有一定的抗菌谱,没有一种防腐剂能抑制或杀灭化妆品中可能存在的所有腐败性微生物;而且许多微生物还会产生抗药性。因此,可将不同的防腐剂混合使用。在混合使用防腐剂时,有 3 种可能的效应会使这种组合的抗菌作用发生变化。

(1)增效与协同作用 两种或多种防腐剂和防腐增效剂超过各自单独使用时防腐效

果的加和,可扩大抗菌谱、降低防腐剂用量并降低耐药性的产生。防腐增效剂包括螯合剂、聚阳离子、天然提取物和各种醇类物质。

（2）相加效应　两种或两种以上的防腐剂混合使用时,其作用的效力等于其各自防腐效果的简单相加。

（3）拮抗作用　两种或多种防腐剂和防腐增效剂混合使用时,其作用效力不及单独使用的效果。拮抗作用是需尽可能避免的。

4. 影响防腐活性的因素

降低 pH 和水分活度(Aw),包装时降低二次污染对提高防腐效果起了非常重要的作用,单次使用包装和具有单向阀的泵式包装可以加强防腐效果。

四、防腐剂的筛选

1. 防腐剂的选择需遵循以下原则

（1）对多种微生物具有抗菌活性,为广谱的抗菌谱。

（2）在低浓度含量下即具有很强的抑菌功能。

（3）可在较大的 pH 范围内具有作用,不影响产品的 pH。

（4）在化妆品的试验组方中一定时期内有效,有较高的稳定性。

（5）无毒、无色、无害、无味,对皮肤无刺激性。

（6）使用方便,经济合理。

（7）必须符合当地的法规要求。

2. 防腐剂抑菌效果的测试

（1）抑菌圈法

抑菌圈试验是评判一种防腐剂抑菌作用的最简单的方法。试验细菌或霉菌在适合的培养基上,经培养后能旺盛生长。若培养基平板中央放有经防腐剂处理的滤纸圆片,防腐剂向四周渗透,可形成抑菌圈。量出抑菌圈直径的大小,可以判断防腐剂的效力。纸片法抑菌圈直径≥10mm 为有效。

（2）最低抑制浓度（MIC）

MIC 试验同样可以反映防腐剂的效力,MIC 即通过将防腐剂稀释一系列浓度,测定防腐剂抑制微生物生长的最低浓度。MIC 值越小,表明防腐剂抑菌能力越大。

3. 产品的防腐效果测试（防腐体系评价）

化妆品防腐体系的效能评价主要是通过微生物挑战测试来完成的。自 2013 年 7 月 11 日开始,欧盟市场中销售的化妆品必须符合新颁布的欧盟化妆品法规（EC）No. 1223/2009 的要求,其中要求提供包括防腐剂挑战测试报告的化妆品安全报告,但对挑战测试的方法并没有作出明确的规定。目前,化妆品行业内常用的挑战测试方法主要包括美国药典（USP）法、英国药典（BP）法和欧洲药典（EP）法。

（1）欧洲药典（european pharmacopeia,EP）的方法

参见欧洲药典第 7 版 5.1.3 抗菌防腐剂效果的评价。该方法为单次 28d 防腐挑战测试,挑战菌种包括 2～3 株细菌,1 株酵母菌和 1 株霉菌。根据第 14d 和第 28d 样品中残留微生物含量多少判定有效性。

（2）美国药典（US pharmacopeia，USP）的方法

参见美国药典 35～51 抗菌效果测试。该方法为单次 28d 防腐挑战测试，挑战菌种包括 3 株细菌，1 株酵母菌和 1 株霉菌。根据第 14d 和第 28d 样品中残留微生物含量多少判定有效性。

（3）美国化妆品、洗涤用品和香精协会（CTFA）的方法

CTFA 有 5 个和化妆品相关的挑战测试方法，从 CTFA M－3 到 CTFA M－7，其中 CTFA M－3 和 M－4 是化妆品中使用较多的挑战测试方法，主要用于水性个人护理产品和眼部产品的防腐测试，包括洗发乳、沐浴露和膏霜类产品等。该方法为单次 28d 防腐挑战测试，挑战菌种包括至少 5 株细菌，1 株酵母菌和 1 株霉菌。根据第 7d、第 14d、第 21d 和第 28d 样品中残留微生物含量多少判定有效性。

目前较为常用的是 CTFA 推荐的 28d 单次接种防腐挑战试验。在化妆品防腐挑战性实验检测前，首先检测一下化妆品中的细菌总数，一般出厂的化妆品中不带菌，这是为了避免由于人为操作所带来的微生物污染。

选择挑战试验所用指示菌时应注意。

①应用正规单位引进的菌种；

②如果有需要可以进行 inhouse（CTFA 推荐菌株，即从污染产品中分离到由环境或使用引入的菌株）试验，因为直接从生活中分离的菌株更能准确地反映所需测定的指标，接近实际需要。一般说来，指示菌分别从化妆品卫生规范中规定的主要革兰氏阳性菌、发酵革兰氏阴性杆菌、非发酵革兰氏阴性杆菌、酵母和霉菌腐败菌中选择一种或两种代表性的菌种。

对待被测样品需预做微生物总数检测，以证明防腐挑战用样无菌，一般取样量至少为 20g，选择适合的破乳剂对样品进行破乳等预处理。在对接种数量确定上，一般定初始的（混合）霉菌和（混合）细菌的接种量分别为 10^5 CFU/g 和 10^6 CFU/g，要求在第 7d 霉菌降低 90%，细菌降低 99.9%，并且在 28d 内菌数持续下降。接种后的样品在特定时间内分离检测：第 0d（即接种后立刻取样）、1d、3d、7d、14d、21d 和 28d，之后通过防腐体系的效能评价标准进行评定：若单菌接种的 3 个平行试验中任何一种微生物数量的平均值在第 7d 时下降到 10^2 CFU/g 以下，28d 全部为 0，则视为效果优良；通过挑战试验，若第 7d 时下降到 10^3 CFU/g 以下，则视为勉强通过；若单菌接种的任何一种微生物，任何一个平行样达不到上述标准，也达不到 CTFA 的要求，防腐体系则评定为无效。

五、抗氧化剂作用评价方法

1. 油脂酸败试验

在油脂中加入适量的抗氧化剂，通过加热等方式加速油脂氧化酸败。检测油脂酸值，过氧化值、MDA 值（硫代巴比妥酸法）等指标。从而分析抗氧化剂对油脂氧化酸值提高的抑制程度，评价其对油脂抗氧化的效果。

2. 抗氧化效力测试

抗氧化效力测试常用是评价其对自由基的清除能力，首先是通过体外模拟生成活性氧，包括羟自由基，超氧阴离子自由基，过氧化氢，单线态氧等，然后测定相应的抗氧化剂

的活性。羟基自由基可以通过 fenton 反应、过氧化氢的紫外光解等方式产生，测定方法主要有二甲基亚砜法（DMSO）、水杨酸法等。超氧阴离子自由基主要通过邻苯三酚自氧化体系，次黄嘌呤 – 黄嘌呤氧化酶等体系产生，测定方法常用的有电子自旋捕获（ESR）法、邻苯三酚法和苯三酚法等。过氧化氢测定方法较多，主要有二甲基硫脲（DMTU）消耗法、组织化学法等。单线态氧主要通过光敏化法，化学法等体系产生，常用的实验室测定方法有化学发光法、荧光法等。以下是近年来人们常用的一些用于抗氧化活性评价的化学方法。最常用评价抗氧化剂方法有铁离子还原力（FRAP）、2,2′ – 联氮双（3 – 乙基苯并噻唑啉 – 6 – 磺酸）二铵盐自由基（ABTS）清除率与 1,1 – 二苯基 – 2 – 三硝基苯肼自由基（DPPH）清除率等方法。

　　FRAP 方法的原理是，在低 pH 的溶液中，Fe^{3+} 被抗氧化剂还原成绿色的 Fe^{2+}。反应的结果常以 Fe^{2+} 当量或标准物质的抗氧化能力表示。该法具有快速简便、易于操作、重复性好等优点，FRAP 反应属于电子转移（SET）反应，因此 FRAP 方法不能够测定氢转移反应（HAT）起作用的物质，尤其是巯基和蛋白，如谷胱甘肽。另外，不同物质发生氧化还原反应的时间不一样，因此，选择不同的反应时间终点对结果影响也很大。

　　ABTS 方法的原理是 ABTS 与过氧化物酶和氢过氧化物在一起形成 ABTS·⁺阳离子自由基。在抗氧化剂存在时，这种自由基混合物的光吸收值下降，下降程度取决于抗氧化剂的抗氧化能力，测得的结果以 TEAC 表示，即被测抗氧化剂清除 ABTS·⁺的能力（吸光度大小的变化）与标准抗氧化剂 trolox（维生素 E 的水溶性类似物）清除 ABTS·⁺的能力的比值。该法测定简单，但与不同抗氧化剂间的氧化反应时间不同，因此，只能定性，不能定量评价样品的抗氧化能力。

　　二苯代苦味肼基自由基（DPPH·）是一种很稳定的以氮为中心的自由基，若受试物能将其清除，则提示受试物具有降低羟自由基、烷自由基或过氧化自由基的有效浓度和打断脂质过氧化链反应的作用。DPPH·有个单电子，在 517nm 有强吸收，其乙醇水溶液呈深紫色，加入受试物后在 517nm 处可动态监测其对 DPPH 的清除效果。因为当自由基清除剂存在时，由于与其单电子配对而使其吸收逐渐消失，褪色程度与其接受的电子数量成定量关系，可用分光法进行定量分析。

　　DPPH·是一种稳定的自由基，其乙醇溶液显紫色，抗氧化物质可使其还原，从而颜色变浅，根据吸光度的变化可测得抗氧化剂的活性。通过计算 DPPH·剩余一半时所需抗氧化剂的浓度（EC50）以及时间（TEC50）反应抗氧化物的活性。DPPH 法快速、简单，仅需要一台紫外分光光度计就可以测定。但 DPPH 方法存在的不足是，当被测物与 DPPH·紫外吸收有重叠时，将会影响测定结果，如类胡萝卜素。此外，由于空间位阻决定反应的倾向，小分子化合物由于更易接近自由基而拥有相对较高的抗氧化能力。此外该方法线性范围也相对较窄，而且所有还原剂都能够对 DPPH·起作用，因此结果并不能完全代表抗氧化能力。例如，蜂胶清除 DPPH 自由基。

　　DPPH 自由基清除法是一种反应较灵敏，较易行的有效反映待测物抗氧化活性的方法。其于 1958 年被提出，广泛用于定量测定生物试样、分类物质和食品的抗氧化能力。

　　操作步骤：

（1）DPPH 溶液制备　称取 0.0394g DPPH 用 95% 乙醇定容至 100mL（浓度为 1×10^{-3}mol/L），于 $0 \sim 4$℃存放，使用时稀释至 1×10^{-4}mol/L 的溶液。

（2）样品制备　称取 0.25g 待测样品用 95% 乙醇定容至 25mL，再用 95% 乙醇依次稀释至 1×10^{-3}g/mL、1×10^{-4}g/mL、1×10^{-5}g/mL 待用。

（3）清除率测定　取 2mL DPPH 溶液，然后分别加入不同浓度的抗氧化剂溶液 2mL，充分混合，在室温下静止 30min。在最大吸收波长（517nm）处，测定各吸光度（A）。以 95% 乙醇溶液为空白调零，每一吸光度平行测 3 次，取其平均值。

按下式计算抑制率：

$$抑制率(\%) = [1 - (A_i - A_j)/A_o] \times 100\%$$

式中　A_i——2mL DPPH 溶液 + 2mL 抗氧化剂溶液的吸光度值；

　　　A_j——2mL 乙醇溶液 + 2mL 抗氧化剂溶液的吸光度值；

　　　A_o——2mL DPPH 溶液 + 2mL 乙醇溶液的吸光度值。

第二节　化妆品中常见的防腐剂

一、化妆品用常见防腐剂

1. 对羟基苯甲酸酯类（Hydroxy benzoic acid esters）

商品名为尼泊金酯，结构式：

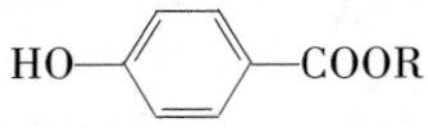

其酯类包括甲酯、乙酯、丙酯、异丙酯利丁酯等，这一系列酯均为无臭、无味、白色晶体或结晶性粉末。该系列用作化妆品防腐剂已有很久历史，因具有不易挥发、无毒、稳定性好等特点，现仍广泛应用，在酸性或碱性介质中都有良好的抗菌活性。其活性随酯基碳链数目的增加而增强；但在水中溶解度降低。其酯类混合使用比单独使用效果更佳，如甲酯:乙酯:丙酯:丁酯 = 7:1:1:1，也可依化妆品不同而改变配比。常用于油脂类化妆品中，最大允许浓度单酯为 0.4%，而混合酯为 0.8%。

2. 脱氢乙酸及其钠盐（dehydrogenation acetic acid and its sodium salt）

结构式：

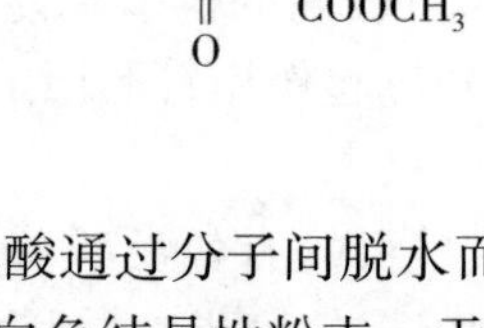

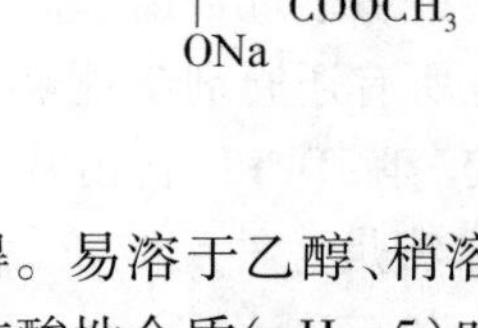

DHA 由四分子乙酸通过分子间脱水而制得。易溶于乙醇、稍溶于水，其钠盐易溶于水。都是无臭、无味、白色结晶性粉末。无毒，在酸性介质（pH < 5）时抗菌效果好，最大允许浓度为 0.6%。

3. 四级铵类表面活性剂（four grade ammonium surfactants）

四级铵类表面活性剂是阳离子表面活性剂的一类重要化合物，一般认为它具有较好的抗菌、杀菌作用。用于化妆品防腐剂的有烷基三甲基氯化铵代表性季铵盐：1 -（3 -氯丙烯基）氯化乌洛托品[1 -（3 - chloropropeny1）urotopinum chloride]，结构式：

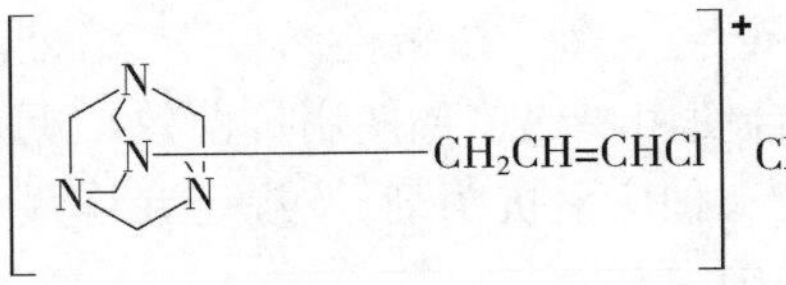

商品名称 Dowicil 200。它是浅黄色粉末，无臭、无味，易溶于水、甘油等，不溶于油性溶剂。在 pH4 ~ 9 时抗菌活性高，是一种较新型的抗菌剂，可用于膏霜类化妆品中，一般用量为 0.1%。

4. 邻苯基苯酚（ortho phenyl pheno）

结构式：

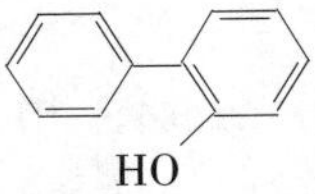

它是白色的片状晶体，略有酚的气味，不溶于水，能溶于碱性溶液及大部分有机溶剂。它的防腐活性很高，在低浓度（0.005% ~ 0.006%）时显示出很好的杀菌效果，较苯甲酸和对羟基苯甲酸甲酯、乙酯活性高，化妆品中一般用量为 0.05% ~ 0.2%，按规定最大允许用量 0.2%。

5. 六氯酚（six chlorophenol）

化学名称为 2,2' - 亚甲基双（3,4,6 - 三氯苯酚）[2,2' - methylene bis（3,4,6 - tri- chloropheno1）]，结构式：

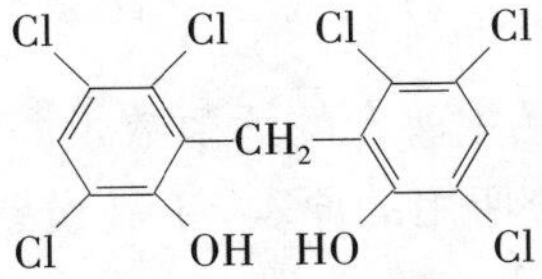

它是白色可流动性粉末，无臭、无味，溶于乙醇、乙醚、丙酮和氯仿中，不溶于水。对革兰氏阳性菌有很好的杀菌作用，可用作皮肤杀菌剂，一般用于皂类、油膏类化妆品。因在较高浓度（1% ~ 3%）时才对霉菌有作用，所以在化妆品内受到限制，其最大允许浓度为 0.1%。与其具有相似作用的还有双氯酚，化学名称为 2,2' - 亚甲基双（4 - 氯苯酚），也有较好的抗霉菌作用。

6. 较新型常用的醇类防腐剂

化学名为 2 - 溴 - 2 - 硝基 - 1,3 - 丙二醇（2 - bromo - 2 - nitro - 1,3 - propanedio1），商品名称布罗波尔（Bronopol），结构式：

$$\overset{\displaystyle Br}{\underset{\displaystyle NO_2}{HOH_2C-\overset{|}{\underset{|}{C}}-CH_2OH}}$$

它是白色结晶或结晶状粉末,易溶于水,它的最佳使用 pH 范围为 5~7。在 pH 为 4 时最稳定,随介质 pH 升高稳定性下降。在碱性条件下,溶液颜色容易变深,但对抗菌活性影响不大。与尼泊金酯配合使用要比单独使用抗菌效果更好。对皮肤一般无刺激性和过敏性。在低浓度下,它就是一种广谱抗菌剂,按规定允许最大用量为 0.1%。常用于膏霜、奶液、香波、牙膏等化妆品中。

7. 凯松(kathon CG)

分子式是 $C_4H_5NOSClC_4H_5NOS$,它是 1.5% 的 5-氯-2-甲基-4-异噻唑-3-酮和 2-甲基-4-异噻唑-3-酮的混合物(两者的混合物比例是 3:1)的水溶液。结构式:

$$\underset{S}{\overset{O}{Cl-\!\!\!\!\diagdown\!\!\!\!\diagup\!\!\!N-CH_3}} \quad 和 \quad \underset{S}{\overset{O}{\diagdown\!\!\!\!\diagup\!\!\!N-CH_3}}$$

kathon 是一种淡黄色或琥珀色水溶性液体,稍带有蒜头味,极易溶于水、低分子醇和乙二醇中,但在油中溶解性差,但不会给产品带来异色异味,它的稳定性好,室温条件超过 1 年(2~3 年),50℃下稳定期为 6 个月,它的 pH 值使用范围为 2~9,在化妆品中的常用量为 0.1%~0.2%。

8. 某些香料也有抑菌效果

一种是具有酚结构的,如丁香酚、香兰素等;另一种是不饱和的香叶烯结构的,如柠檬醛、香叶醇等。

二、防腐剂抑菌活性的确定

防腐剂抑菌活性的确定执行标准《化妆品微生物标准检验方法 细菌总数测定》(GB/T 7918.2—1987)。

细菌总数指 1g 或 1mL 化妆品中所含的活菌数量。测定细菌总数可用来判明化妆品被细菌污染的程度,以及生产单位所用的原料、工具设备、工艺流程、操作者的卫生状况,是对化妆品进行卫生学评价的综合依据。

本标准采用标准平板计数法。

1. 方法提要

化妆品中污染的细菌种类不同,每种细菌都有它一定的生理特性,培养时对营养要求,培养温度、培养时间、pH、需氧性质等均有所不同。在实际工作中,不可能做到满足所有菌的要求,因此所测定的结果,只包括在本方法所使用的条件下(在卵磷脂、吐温-80 营养琼脂上,于 37℃培养 48h)生长的一群嗜中温的需氧及兼性厌氧的细菌总数。

2. 培养基和试剂

(1)生理盐水 见《化妆品微生物标准检验方法 总则》(GB/T 7918.1—1987)。

（2）卵磷脂、吐温80-营养琼脂培养基成分如表6-1所示。

表6-1　　　　　　　　　　　　培养基成分

成分	含量	成分	含量
蛋白胨	20g	卵磷脂	1g
牛肉膏	3g	吐温80	7g
氯化钠	5g	蒸馏水	1000mL
琼脂	15g		

制法为先将卵磷脂加到少量蒸馏水中,加热溶解,加入吐温-80将其他成分(除琼脂外)加到其余的蒸馏水中,溶解加入已溶解的卵磷脂、吐温-80,混匀,调pH为7.1~7.4,加入琼脂,121℃、20min高压灭菌,储存于冷暗处备用。

3.仪器

（1）锥形烧瓶。

（2）量筒。

（3）pH计或精密pH试纸。

（4）高压消毒锅。

（5）试管。

（6）灭菌平皿　直径9cm。

（7）灭菌刻度吸管　10mL、2mL、1mL。

（8）酒精灯。

（9）恒温培养箱。

（10）放大镜。

4.操作步骤

（1）用灭菌吸管吸取1:10稀释的检样2mL,分别注入两个灭菌平皿,每皿1mL。另取1mL注入到9mL灭菌生理盐水试管中(注意勿使吸管接触液面),更换一支吸管,并充分混匀,使成1:100稀释液。吸取2mL,分别注入两个灭菌平皿,每皿1mL。如样品含菌量高,还可再稀释成1:1000,1:10000等,每种稀释度应换1支吸管。

（2）将熔化并冷至45~50℃的卵磷脂、吐温-80、营养琼脂培养基倾注平皿内,每皿约15mL,另倾注一个不加样品的灭菌空平皿,作空白对照。随即转动平皿,使样品与培养基充分混合均匀,待琼脂凝固后,翻转平皿,置37℃培养箱内培养48h。

5.菌落计数方法

先用肉眼观察,点数菌落数,然后再用放大5~10倍的放大镜检查,以防遗漏。记下各平皿的菌落数后,求出同一稀释度各平皿生长的平均菌落数。若平皿中有连成片状的菌落或花点样菌落蔓延生长时,该平皿不宜计数。若片状菌落不到平皿中的一半,而其余一半中菌落数分布又很均匀,则可将此半个平皿菌落计数后乘2,以代表全皿菌落数。

6. 菌落计数及报告方法

（1）首先选取平均菌落数在 30～300 的平皿，作为菌落总数测定的范围。当只有一个稀释度的平均菌落数符合此范围时，即以该平皿菌落数乘其稀释倍数（见表 6-2 例 1）。

（2）若有两个稀释度，其平均菌落数均在 30～300，则应求出两者菌落总数之比值来决定。若其比值小于或等于 2，应报告其平均数，若大于 2 则报告其中较小的菌落数（见表 6-2 例 2 及例 3）。

（3）若所有稀释度的平均菌落数均大于 300 个，则应按稀释度最高的平均菌落数乘以稀释倍数报告之（见表 6-2 例 4）。

（4）若所有稀释度的平均菌落数均少于 30 个，则应按稀释度最低的平均菌落数乘以稀释倍数报告之（见表 6-2 例 5）。

（5）若所有稀释度的平均菌落数均不在 30～300，其中一个稀释度大于 300 个，而相邻的另一稀释度小于 30 个时，则以接近 30 或 300 的平均菌落数乘以稀释倍数报告之（见表 6-2 例 6）。

（6）若所有的稀释度均无菌生长，报告数为每克或每毫升小于 10 个。

（7）菌落计数的报告，菌落数在 10 以内时，按实有数值报告之，大于 100 时，采用二位有效数字，在二位有效数字后面的数值，应以四舍五入法计算。为了缩短数字后面零的个数，可用 10 的指数来表示（见表 6-2 报告方式栏）。在报告菌落数为"不可计"时，应注明样品的稀释度。

表 6-2 细菌计数结果及报告方法

| 例次 | 不同稀释度的平均菌落数 | | | 两稀释度菌数之比 | 菌落总数/（个/g 或个/mL） | 报告方式/（个/g 或个/mL） |
	10	10	10			
1	1365	164	20	—	16400	16000
2	2760	295	46	1.6	38000	38000
3	2890	271	60	2.2	27100	27000
4	不可计	4850	513	—	513000	510000
5	27	11	5	—	270	270
6	不可计	305	12	—	30500	31000

本标准由中国预防医学科学院环境卫生监测所归口。

本标准由"化妆品微生物标准检验方法"起草小组起草。

本标准主要起草人周淑玉。

本标准由中国预防医学科学院环境卫生监测所负责解释。

三、防腐剂的应用实例

[例 1]护肤乳

护肤乳配方如表 6-3 所示。

表 6 – 3　　　　　　　　　　　　　　护肤乳配方

组分	质量分数/%	组分	质量分数/%
去离子水	余量	丙烯酸和 C10~C30 的烷基丙烯酸共聚物	0.25
卡波姆	0.35	聚山梨酯 – 20	1.00
丁二醇	2.00	山梨酸钾	0.10
甘油	1.00	氢氧化钠	0.55
对羟基苯甲酸酯混合物	0.30	活性组分 evermit TM	3.00
硬脂酸异十六烷酯	1.00	香精	0.10
烷醇苯甲酸酯	4.00		

[例2]润肤露

润肤露配方如表 6 – 4 所示。

表 6 – 4　　　　　　　　　　　　　　润肤露配方

组分	质量分数/%	组分	质量分数/%
水	50.00	2,6 – 二叔丁基对甲酚	0.05
甘油	2.00	道氏池花油	3.00
丙二醇	3.00	甲氧基肉桂酸辛酯	7.50
EDTA – 2Na	0.05	二乙基己基丁胺三嗪	2.00
氯苯甘醚	0.20	2 – 羟基 – 4 – 甲氧基二苯甲酮	3.50
苯氧基乙醇/对羟基苯甲酸甲酯类	0.50	氢化聚异丁烯/氢化聚癸烯	6.00
聚甲基丙烯酰基甘油酯/丁二醇/聚糖	5.00	生育酚乙酸酯	1.00
汉生胶	0.20	二氧化钛/氢化硬脂酸/氢化聚癸烯	10.00
卵磷脂	1.00	一氮化硼	3.00
蔗糖硬脂酸酯	1.20	葡萄油	0.40
二十二醇	0.40		

[例3]身体用护理剂

身体用护理剂配方如表 6 – 5 所示。

表 6 – 5　　　　　　　　　　　　　　身体用护理剂配方

组分	质量分数/%	组分	质量分数/%
去离子水	73.90	聚二甲基硅氧烷	1.00
卡波姆	0.60	尼泊金甲酯	0.20
鲸蜡醇/联十六烷基磷酸酯	3.00	尼泊金丙酯	0.20
鲸蜡醇	1.00	NaOH(20%)水溶液	1.20
苄基三聚氧丙烯肉豆蔻酸酯	2.00	甘油/水/裙带菜提取物	5.00
乳果木油	0.30	甘油/水/甜菊提取物	5.00
未皂化鳄梨油	0.30	phytotal FM	3.00
多糖大豆油酸酯	0.30	phytotal SL	3.00

[例4]防晒霜

防晒霜配方如表6-6所示。

表6-6　　　　　　　　　防晒霜配方

组分	质量分数/%	组分	质量分数/%
环戊硅氧烷4.00	10.00	水杨酸乙基己酯	5.00
环戊硅氧烷,C30~C45烷基鲸蜡硬脂基聚二甲基硅氧烷交联聚合物	4.50	ethylhexyl methoxycrylene	6.00
去离子水	50.05	二氧化硅	2.00
甘油	4.00	甘油硬脂酸酯,PEG-100硬脂酸酯	1.00
苯氧乙醇、辛二醇(及)氯苯甘醚	1.00	鲸蜡硬脂醇	0.35
EDTA-2Na	0.10	鲸蜡醇磷酸酯钾酯,氢化棕榈油甘油酯类	3.00
苯甲酸苯乙酯	5.00	VP/甘碳烯共聚物	1.00
胡莫柳酯	7.50	丙烯酰胺/丙烯酰基二甲基牛磺酸钠共聚物/异十六烷/聚山梨醇酯-80	2.50

[例5]婴儿洗发沐浴露

婴儿洗发沐浴露配方如表6-7所示。

表6-7　　　　　　　　　婴儿洗发沐浴露配方

组分	质量分数/%
去离子水	77.32
月桂醇硫酸酯铵盐、十二烷基醇醚硫酸铵、月桂基葡糖苷(及)椰油酰胺DEA	15.00
柠檬酸	0.08
椰油酰两性基二乙酸二钠	1.00
椰油酰胺丙基甜菜碱	2.00
PEG-120甲基葡糖二油酸酯	1.50
月桂基甲基葡糖聚醚-10羟丙基二甲基氯化铵	1.50
苯氧乙醇/对羟基苯甲酸甲酯/对羟基苯甲酸丁酯/对羟基苯甲酸丙酯/对羟基苯甲酸异丁酯	0.30
香精	0.30

第三节　油脂酸败与抗氧化作用

化妆品中常含有油脂、蜡等成分,特别是油脂中的不饱和脂肪酸的不饱和键容易被氧化而发生变质,这种氧化变质称为酸败。从外因看,空气中氧、水分、光、热、微生物及金属离子等均可促使氧化反应进行而加速酸败。从内因看,酸败的化学本质是由于油脂水解而产生游离的脂肪酸,其中不饱和脂肪酸的双键部分受到空气中氧的作用,发生加成反应而生成过氧化物,此过氧化物继续分解或氧化,生成低级醛和醛酸。其过程如下:

$$R-\overset{\overset{H}{|}}{C}=\overset{\overset{H}{|}}{C}-(CH_2)_n-COOH+O_2 \longrightarrow R-\overset{\overset{H}{|}}{\underset{\underset{O}{|}}{C}}-\overset{\overset{H}{|}}{\underset{\underset{O\cdot}{|}}{C}}-(CH_2)_n-COOH$$

$$\longrightarrow RCHO+OHC(CH_2)_nCOOH$$

氧化反应生成的过氧化物、醛和羧酸等会引起产品的颜色改变,释放出酸败的臭味,使产品的 pH 降低,从而使产品质量下降,也会对皮肤产生刺激性,甚至引起炎症。因此,在化妆品的生产、使用和贮存过程中,避免油脂酸败现象的发生是非常重要的。

一、油脂酸败的机制

油脂的氧化酸败过程,一般认为是按游离基(自由基)链式反应进行的,其反应过程包括三个阶段(RH 代表油脂类化合物分子,R·代表链自由基)。

1. 链的引发

油脂分子 RH 受到热或氧的作用后,在其分子结构的"弱点"部位(如支链、双链等)产生自由基:

$$RH \overset{热}{\longrightarrow} R\cdot + \cdot H$$
$$RH + O_2 \longrightarrow R\cdot + \cdot OOH$$

2. 链的传递和增长

自由基 R·在氧的存在下,自动氧化生成过氧化自由基 ROO·和分子过氧化氢:

$$R\cdot + O_2 \longrightarrow ROO\cdot$$
$$ROO\cdot + RH \longrightarrow R\cdot + ROOH$$

分子过氧化氢又分解为链自由基:

$$ROOH \longrightarrow RO\cdot + \cdot OH$$
$$ROOH + RH \longrightarrow RO\cdot + H_2O$$

3. 链的终止

分子链自由基相结合而终止链反应:

$$R\cdot + \cdot R \longrightarrow R-R$$
$$R\cdot + \cdot ROO \longrightarrow ROOR$$
$$ROO\cdot + ROO\cdot \longrightarrow ROOR + O_2$$

后面两种终止方式,由于生成的过氧化物不稳定,很容易裂解成分子自由基,再引起链的引发和增长。

在上述的不饱和脂肪酸氧化反应中,生成的中间体在链的增长阶段由于产生烷氧自由基而使主碳链发生断裂。例如,生成低级醛、醛酸、过氧化物等的反应。

$$R-\overset{\overset{\text{H}}{|}}{\underset{\underset{\text{O}}{|}}{\text{C}}}-\overset{\overset{\text{H}}{|}}{\underset{\underset{\text{O}}{|}}{\text{C}}}-(CH_2)_n-COOH \longrightarrow R-\overset{\overset{\text{H}}{|}}{\underset{\underset{\text{O·}}{|}}{\text{C}}}-\overset{\overset{\text{H}}{|}}{\underset{\underset{\text{O·}}{|}}{\text{C}}}-(CH_2)_n-COOH$$

$$\longrightarrow RCHO+OHC(CH_2)_nCOOH$$

抗氧剂的作用在于它能抑制自由基链式反应的进行,即阻止链增长阶段的进行。这种抗氧剂称为主抗氧剂,也称为链终止剂,以 AH 表示之。链终止剂能与活性自由基R·、ROO·等结合,生成稳定的化合物或低活性自由基 A·,从而阻止了链的传递和增长。例如,

$$R· + AH^- \longrightarrow RH + A·$$
$$ROO· + AH \longrightarrow ROOH + A·$$

胺类、酚类、氢醌类化合物作为抗氧剂都是较好的主抗氧剂,起到链终止剂的作用。

胺类化合物的作用是作为氢给予体,发生氢转移反应,形成稳定的自由基,降低氧化反应速度。例如,

$$R'_2NH + ROO· \longrightarrow R'_2N· + ROOH$$
$$R'_2N· + ROO· \longrightarrow R'_2NOOR$$

酚类化合物的作用是能产生 Aro· 自由基,具有捕集 ROO· 自由基的作用。例如,

$$ArO· + ROO· \longrightarrow ROOArO$$

氢醌(AH_2)类化合物的作用是与自由基反应,使之不再引发反应,也具有捕集 ROO· 自由基的作用。例如,

$$AH_2· + ROO· \longrightarrow ROOH + AH·$$
$$AH· + AH· \longrightarrow A + AH_2$$

为了能更好地阻断链式反应,还要阻止分子过氧化氢的分解反应,则需要加入能够分解过氧化物 ROOH 的抗氧剂,使之生成稳定的化合物,从而阻止链式反应的发展。这类抗氧剂称为辅助抗氧剂,或称为过氧化氢分解剂,它们的作用是能与过氧化氢反应,转变为稳定的非自由基产物,从而消除自由基的来源。属于这一类抗氧化剂的有硫醇、硫化物、亚磷酸酯等,它们的反应如下。

$$ROOH \quad 2R'SH \longrightarrow ROH \quad R'-S-S-R' \quad H_2O$$
$$2ROOH + R'-S-S-R' \longrightarrow 2ROH + R'-S-R' + SO_2$$

$$ROOH + R' - S - R' \longrightarrow ROH + \underset{\underset{O}{\|}}{R' - S - R'}$$

$$ROOH + (RO)_3P \longrightarrow ROH + (RO)_3PO$$

另外,羟基酸等如酒石酸、柠檬酸、苹果酸、葡萄糖醛酸、乙二胺四乙酸(EDTA)等,都能与金属离子作用形成稳定的螯合物,而使金属离子不能催化氧化反应,也达到抑制氧化反应的作用。

二、抗氧化剂的结构与抗氧化作用

胺类、酚类、氢醌类等抗氧化剂,它们的分子中都存在活泼的氢原子,如 N—H、O—H,这种氢原子比碳链上的氢原子(包括碳链上双键所连接的氢原子)活泼,它能被脱出来与链自由基 R·或 ROO·结合,从而阻止了链的增长,起到了抗氧化剂的作用。例如,酚类抗氧化剂容易与链自由基作用,脱去氢原子而终止链自由基的链式反应,同时又生成酚氧自由基。如

酚氧自由基与苯环同处于共轭体系中,比较稳定,其活性也较低,不能引发链式反应,而且还可以再终止一个链自由基。如

同样,胺类、氢酮类也具有上述的作用。

根据以上的讨论,可以归纳出有效的抗氧化剂应该具有下列结构特征:

(1)分子内具有活泼氢原子,而且比分子的被氧化部位上活泼氢原子要更容易脱出,胺类、酚类、氢酮类分子都含有这样的氢原子。

(2)在氨基、羟基所连苯环上的邻、对位上引进一个给电子基团,如烷基、烷氧基等,则可使胺类、酚类等抗氧化剂 N—H、O—H 键的极性减弱,容易释放出氢原子,而提高链终

止反应的能力。

　　另外,从结构上来看,对于酚类抗氧剂,其邻位取代数目的增加或其分支的增加,可以增大空间阻碍效应。这样可使酚氧自由基受到相邻较大体积基团的保护,降低了它受氧进攻而发生反应的概率,既可以提高酚氧自由基的稳定性,又可以提高它的抗氧性能。

　　(3)抗氧自由基的活性要低,以减少对链引发的可能性,但又要有可能参加链终止反应。

　　(4)随着抗氧化剂分子中共轭体系的增大,抗氧化剂的效果会有所提高。因为共轭体系增大,自由基独电子的离域程度就越大,这种自由基就越稳定,所以不致成为引发性自由基。

　　(5)抗氧化剂本身应难以被氧化,否则它自身受氧化作用而被破坏,起不到应有的抗氧作用。

　　(6)抗氧剂应无色、无臭、无味,不会影响化妆品的质量。另外,无毒、无刺激、无过敏性更是必要的,与其他成分相容性好,可达到分散均匀而起到抗氧化的作用。

第四节　化妆品中常用的抗氧化剂

一、抗氧化剂的分类

　　抗氧化剂的种类很多,按照它们的化学结构,大体上可分为五类。

　　1. 酚类抗氧化剂

　　包括二羟基酚、2,6-二叔丁基对甲酚、2,5-二叔丁基对苯二酚、对羟基苯甲酸酯类、没食子酸及其丙酯与戊酯、去甲二氢愈创木脂酸等。

　　2. 醌类抗氧化剂

　　包括叔丁基氢醌、生育酚(维生素 E)、羟基氧杂四氢化茚、羟基氧杂十氢化萘、溶剂浸出的麦芽油等。

　　3. 胺类抗氧化剂

　　包括乙醇胺、异羟肟酸、谷氨酸、酪蛋白及麻仁蛋白、嘌呤、卵磷脂、脑磷脂等。

　　4. 有机酸、醇及酯类抗氧化剂

　　包括草酸、柠檬酸、酒石酸、丙酸、丙二酸、硫代丙酸、维生素 C、葡萄糖醛酸、半乳糖醛酸、甘露醇、山梨醇、硫代二丙酸双月桂醇酯、硫代二丙酸双硬脂醇酯等。

　　5. 无机酸及其盐类、磷酸及其盐类、亚磷酸及其盐类

　　上述五类化合物中,前三类抗氧剂主要起主抗氧剂作用,而后两类则起辅助抗氧剂作用,单独使用抗氧化效果不明显,但与前三类配合使用,可提高抗氧化的效果。

二、化妆品中常用的抗氧化剂

　　1. 丁基羟基茴香醚(butylhydroxyaniol,BHA)

　　丁基羟基茴香醚是 3-叔丁基-4-羟基苯甲醚和 2-叔丁基-4-羟基苯甲醚两种异构体的混合物。结构式:

$$\underset{CH_3O}{\overset{C(CH_3)_3}{\bigcirc}}OH \quad 和 \quad HO\underset{}{\overset{C(CH_3)_3}{\bigcirc}}OCH_3$$

BHA 为稳定的白色蜡状固体,易溶于油脂,不溶于水。在有效浓度内无毒性,允许用于食品中,是一种较好的抗氧剂,与没食子酸丙酯、柠檬酸、丙二醇等配合使用抗氧化效果更佳,限用量为 0.15%。

2.丁基羟基甲苯(butyl hydroxytoluene,BHT)

丁基羟基甲苯的化学名称为 2,6-二叔丁基-4-甲基苯酚,结构式:

$$(H_3C)_3C\underset{CH_3}{\overset{OH}{\bigcirc}}C(CH_3)_3$$

BHT 是白色或淡黄色的晶体,易溶于油脂,不溶于碱,也没有很多酚类的反应,其抗氧效果与 BAH 相近,在高温或高浓度时,不像 BHA 那样带有苯酚的气味,也允许用于食品中。与柠檬酸、维生素 C 等共同使用,可提高抗氧化效果,限用量为 0.15%。

3.2,5-二叔丁基对苯二酚 (2,5-di-t-butyl-1,4-benzenedio1)结构式:

$$HO\underset{(H_3C)_3C}{\overset{C(CH_3)_3}{\bigcirc}}OH$$

2,5-二叔丁基对苯二酚是白色或淡黄色粉末,不溶于水及碱溶液,在对苯二酚不合适的条件下也可作为抗氧剂使用,在植物油脂中有较好的抗氧作用。

4.去甲二氢愈创酸(nordihydroguaiaretic acid,NDGA)

结构式:

$$HO\underset{HO}{\overset{}{\bigcirc}}CH_2\underset{\overset{CH_3}{|}}{\overset{}{C}}H\underset{\overset{CH_3}{|}}{\overset{}{C}}H-CH_2\overset{}{\bigcirc}\underset{OH}{\overset{OH}{}}$$

去甲二氢愈创酸能溶于甲醇、乙醇和乙醚,微溶于油脂,溶于稀碱液变为红色。对于各种油脂均有抗氧化效果,但有一最适宜量,超过这个适宜量,反而会促进氧化反应。与浓度低于 0.005% 的柠檬酸和磷酸同时使用,则有较好的配合作用效果。

5.没食子酸丙酯(propyl gallate)

化学名称为 3,4,5-三羟基苯甲酸丙酯(propyl-3,4,5-trihydroxy benzoatee),结构式:

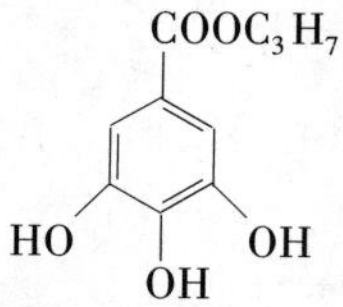

$$\text{COOC}_3\text{H}_7$$

(结构图：没食子酸丙酯)

没食子酸丙酯是白色的结晶粉末,溶于乙醇和乙醚,在水中仅能溶解 0.1% 左右,加热时可溶于油脂中。单独或配合使用都具有较好的抗氧化作用,无毒性,也可用作食品的抗氧化剂。

6. $dl-\alpha-$ 生育酚($dl-\alpha-$tocopherol）

$dl-\alpha-$ 生育酚即维生素 E,结构式:

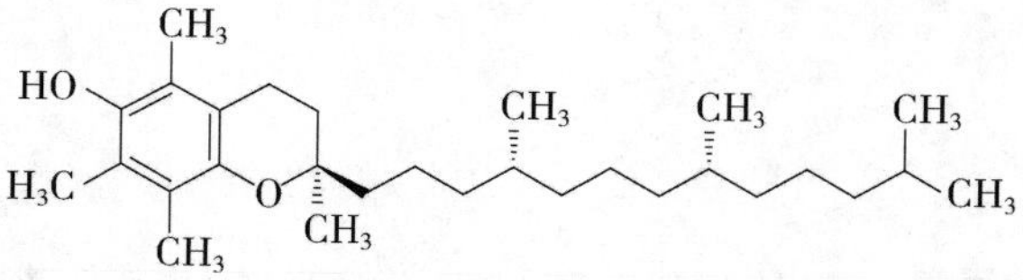

(结构图：维生素E)

$dl-\alpha-$ 生育酚是淡黄色黏稠液体,无臭、无味,不溶于水,易溶于乙醇、乙醚和氯仿。存在于大多数天然植物油脂中,是天然的抗氧化剂。

7. 硫代琥珀酸单十八酯(metsa)和羧甲基硫代琥珀酸单十八酯(mecsa)

结构式:

$$\text{HOOC}-\underset{\underset{\text{SH}}{|}}{\text{CH}}-\text{CH}_2-\text{COOC}_{18}\text{H}_{37} \quad 和 \quad \text{HOOC}-\underset{\underset{\text{S}-\text{CH}_2\text{COOH}}{|}}{\text{CH}}-\text{CH}_2-\text{CH}_2\text{COOC}_{18}\text{H}_{37}$$

硫代琥珀酸单十八酯(metsa)和羧甲基硫代琥珀酸单十八酯是近年来研制出的两种新型抗氧化剂,有效浓度仅为 0.005% ,但遇热易分解。

第七章　保湿原料

第一节　保湿剂的定义

一、保湿剂的定义

要使皮肤光滑、柔软和富有弹性,保持皮肤处于良好状态,必须要保持皮肤角质层的含水量处于最佳范围值。一般认为,含水量应在10%～20%,低于10%,皮肤就会干燥、粗糙,甚至破裂。

实践已证明,皮肤的干裂不仅仅是由于皮肤表面缺乏类脂性物质,更重要的原因是皮肤角质层中水分不足。已有实验证明,仅在干燥皮肤表面涂抹只含有油脂的化妆品,并不能使皮肤变得柔软。这一实验结果使人们认识到,要保持皮肤处于良好状态,除了要有滋润作用的油脂性物质外,还要保持、补充水分,使皮肤角质层中含有一定量水分。要做到这点,则需要在化妆品中添加保湿剂。

保湿剂又称湿润剂。一般将能够起到保持、补充皮肤角质层中水分,防止皮肤干燥,或能使已干燥、失去弹性并干裂的皮肤变得光滑、柔软和富有弹性的物质称为保湿剂。这里要指出的是,保湿剂不仅对皮肤有这些作用,而且对毛发、唇部等部位也有相同的作用。

人的皮肤有天然的保湿系统,由天然保湿因子、脂类等物质组成。皮肤老化时水分丢失增多,从而导致细胞皱缩、老化,组织缺水、萎缩,出现组织学结构和形态学改变,皮肤逐渐出现细小皱纹。保湿剂对保持皮肤水分和修复皮肤屏障功能有重要作用。在药物和化妆品中有广泛应用。

保湿剂种类很多。其中甘油、硅油、凡士林、白油、羊毛脂、尿素等最为常用。这些制剂大多安全,价格低廉,是化妆品中最普通的保湿剂。主要缺点是使用后皮肤常有油腻感。有些制剂,如羊毛脂、尿素等有异味。透明质酸、吡咯烷酮羧酸钠、乳酸和乳酸钠则是人体中天然保湿因子的主要成分。透明质酸是细胞间基质中普遍存在的重要组分,它是充填于各种组织细胞间的重要基质成分,其保持水分的能力比其他任何天然或合成聚合物强。吡咯烷酮羧酸钠是表皮的颗粒层丝质蛋白聚集体的分解产物。皮肤天然保湿因子中吡咯烷酮羧酸钠含量约为12%。角质层吡咯烷酮羧酸钠含量减少,皮肤会变得干燥和粗糙。乳酸是人体表皮的天然保湿因子中主要的水溶性酸类,含量为12%。乳酸分子的羧基对头发和皮肤有较好的亲和作用。乳酸钠也是很有效的保湿剂,其保湿性比甘油强。乳酸和乳酸钠组成缓冲溶液,可调节皮肤的pH。而神经酰胺、胶原蛋白是近年来开发出的最新一代保湿剂,它们与构成皮肤角质层的物质结构相近,能很快渗透进皮肤和角质层中的水结合,形成一种网状结构固定住水分。

同样,保湿剂添加于化妆品中,对化妆品本身也起着保湿作用,使化妆品在贮存和使用过程中都能起到保持湿度作用,有助于保持化妆品体系的稳定性,有时也能起到抑菌和保香作用等。

二、天然保湿因子

皮肤角质层中水分含量保持在 10% ~ 20% 时,皮肤显得紧张、富有弹性,处于最佳状态;如水分含量低于 10%,皮肤变得干燥,粗糙;如水分含量再低,则可能发生干裂现象。正常情况下,皮肤角质层的水分之所以能够被保持,一方面是由于皮肤表面上具有的皮脂膜能够防止水分过快蒸发;另一方面是由于皮肤角质层中存在天然保湿因子(natural moisture factor,NMF),NMF 不仅有保持皮肤角质层中水分稳定的作用,而且还有助于皮肤从空气中吸收水分。根据 Striance 等人的研究,天然保湿因子的组成如表 7 – 1 所示:

表 7 – 1 天然保湿因子的组成

成分	含量/%	成分	含量/%
氨基酸类	40.0	钙	1.5
吡咯烷酮羧酸	12.0	镁	1.5
乳酸盐	12.0	磷酸盐(PO_4^{3-})	0.5
尿素	7.0	氯化物(Cl^-)	6.0
氨、肌酸	1.5	柠檬酸	0.5
钠	5.0	糖、有机酸、肽等其他确定物	8.5
钾	4.0		

由表可见,天然保湿因子的组成如氨基酸、吡咯烷酮羧酸钠、乳酸、尿酸及其盐类等都是亲水性物质。从化学结构上看,这些亲水性物质都具有极性基团,这些极性基团易与水分子以不同形式形成化学键而发生作用,使得水分挥发度降低,其结果便起到保湿作用。另一方面,天然保湿因子的亲水性物质能与细胞脂质和皮脂等成分相结合,或包围着天然保湿因子,防止这些亲水性物质流失,也对水分挥发起着适当的控制作用。

图 7 – 1 表明了天然的角质与失去了 NMF 物质的角质之间吸湿能力的差异,从图中可看出角质层中的天然保湿因子在保湿、吸湿的作用是非常显著的。

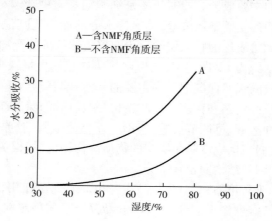

图 7 – 1 水分吸收与湿度的关系图

　　由此可知,如果皮肤角质层缺少了天然保湿因子,使角质层丧失吸收水分的能力,皮肤就可能会出现干燥甚至开裂的现象。这时就需要补充保湿性好的亲水性物质,以维持皮肤角质层具有一定量的保湿性物质,起到天然保湿因子作用。这就是为什么在各种化妆品中添加保湿剂的原因。

　　此外,存在于真皮内的多糖类物质也是起保持水分作用的重要成分。所以,化妆品最好以这些天然皮肤保护剂为模型来制造。例如,近年来采用的天然保湿因子主要成分吡咯烷酮酸盐以及透明质酸等,都是在这一理论指导下用于化妆品的。

第二节　保湿剂的作用

一、润肤剂的保湿作用

　　在考虑皮肤保湿时,除了上文所论述的天然保湿因子的吸湿、保湿作用,还要涉及皮肤表面上的皮脂膜和细胞角质层等油脂性成分。这些油脂性成分与天然保湿因子相结合,或包围着天然保湿因子,起到防止水分流失,控制水分挥发的作用。如果由于某种原因皮脂膜被破坏,则不能抑制水分的过快蒸发,同样会出现皮肤干燥甚至开裂等现象。

　　为了起到保湿作用,在化妆品中除了添加一定数量的保湿剂外,还可将油溶性物质和水溶性物质在表面活性剂作用下制造出 O/W 或 W/O 型乳化体制品。

　　通常,对干性皮肤适宜选用 W/O 乳化体制品,因为这类制品中滋润性油脂、蜡类物质较多,对皮肤有更好的滋润作用。对油性皮肤则选用 O/W 型乳化体制品,因为这类制品中含有较多的亲水性乳化剂等。

　　皮肤干燥的主要原因是由于角质层的水分含量减少,因此,如何保持皮肤适量的水分是保持皮肤湿润、柔软、有弹性和防止皮肤老化的关键。恢复干燥皮肤水分的正常平衡的主要途径是赋予皮肤滋润型油膜、保湿和补充皮肤所缺少的养分,防止皮肤水分过快挥发,促进角质层的水合作用。润肤物质是表皮水分的封闭剂,可减少或阻止水分从其薄膜通过,促使角质层再水合。此外,滋润物还有润滑皮肤的作用。

　　通常,用于皮肤的润肤物质即滋润剂可分为两大类,即水溶性和油溶性滋润剂。多元醇如甘油、1,2-丙二醇、山梨醇、聚氧乙烯失水山梨醇醚和聚乙二醇等。这些物质常被用于 O/W 型乳化体中作为保湿剂,因为它们能阻止水分的挥发。一般认为这些物质都有润肤的作用,因为它能使皮肤柔软和光滑。在一定温度和相对湿度的条件下,这些物质可吸收空气中的水分起到保湿和润肤的作用。保湿剂能保持水分,当涂敷在皮肤上能和皮肤紧密地接触,且能将水分传递给表皮。

　　采用保湿剂作为滋润物质要有适宜用量,一般在乳化体中加入 1%～5% 的保湿剂就可以起到保湿作用。水在乳化体中也是一种重要的润肤物。水作为连续相时能有效地使角质层轻微膨胀,使油相乳化成细微粒子更易于渗透入表皮。当水为分散相时,由于受连续相油脂的包围,不易挥发,乳化的微小水珠和 W/O 型乳化体同时渗入上表皮,对角质的水合作用起到有益的作用。

二、保湿剂的要求

(1)对皮肤和化妆品应具有适度的吸湿、保湿能力,吸湿、保湿能力应持久。

(2)吸湿、保湿能力应不易受环境条件(如湿度、温度等因素)的影响。

(3)挥发性和凝固点应尽量低。

(4)黏度适宜、使用感好,对皮肤的亲和性好。

(5)无色、无臭、无味,与其他成分相容性好。

第三节 保湿剂的种类

保持皮肤有适当水分是防止皱纹、开裂、衰老的一个重要因素。人体皮肤细胞中有皮脂与保湿因子,使皮肤保持柔顺光滑,人体中的天然保湿因子(NMF)包括氨基酸、吡咯烷酮羧酸、尿素、乳酸的钠盐、钾盐、镁盐与钙盐等,它们大都含有亲水基团如—COOH、—OH或—NH$_2$,如已合成的保湿因子有焦谷氨酸钠、聚谷氨酸钠、吡咯烷酮羧酸钠(PCA钠)等。皮肤中的天然保湿因子(NMF)具有较甘油、山梨醇和丙二醇等更强的保湿能力,它近年来已成为护肤、护发化妆品的重要添加成分。

另外,其他的保湿剂应根据吸收程度、保水容量及保湿的功能强弱,可分为透明质酸、甲壳质、维生素 C、磷酸镁、乳酸及 NMF 等。保湿剂的作用如上所述,即它可以起着两方面的作用:一方面是保湿剂对皮肤、毛发、唇部等部位起到滋润、柔软、保湿作用;另一方面在化妆品中对化妆品本身起着水分保留剂作用,使化妆品在贮存与使用时能保持一定湿度,有助于保持体系的稳定性。因此,保湿剂分类也依据这两方面作用来考虑。

按保湿剂作用来分类可分为:亲水性物质和亲油性物质两大类。

按保湿剂的化学结构分类:脂肪醇、脂肪酸、脂肪酸酯、取代羧酸及其盐类、含氮化合物等。

一、按保湿剂作用分类

1. 亲水性物质

是指能增强皮肤角质层的吸水性,易与水分子结合而达到保湿作用的物质。这些亲水性物质多为天然保湿因子的组成成分,其分子结构特征是具有极性基团,保湿作用极强。

代表性物质:各种脂肪醇类、氨基酸及其盐类、乳酸及其盐类、吡咯烷酮酸及其盐类、尿素及其衍生物等。

2. 亲油性物质

是指能够在皮肤表面上形成油膜状的保护性物质。形成的油膜能减少或防止角质层中水分的损失,从而保护角质层下面水分的扩散。那些能够吸湿,在皮肤表面上可以形成连续油膜的油脂,可以使角质层恢复弹性,使皮肤变得光滑。恢复了弹性的皮肤角质层也可以从下层组织中得到水分,同时可以防止水分的损失。

其代表性物质分类如下。

（1）蜡脂　羊毛脂、鲸蜡、蜂蜡等。

（2）脂肪醇　月桂醇、鲸蜡醇、油醇和脂蜡醇等。

（3）类固醇　胆固醇和其他羊毛脂醇等。

（4）多元醇酯　乙二醇、二甘醇、丙二醇、甘油（丙三醇）、聚乙二醇、甘露醇、季戊四醇、聚氧乙烯山梨醇等单脂肪酸和双脂肪酸酯等。

（5）甘油三酯　各种动植物油脂。

（6）磷脂　卵磷脂和脑磷脂。

（7）脂肪醇醚　鲸蜡醇、脂蜡醇和油醇等的环氧乙烷加成物。

（8）烷基脂肪酸酯　脂肪酸的甲酯、异丙酯和丁酯等。

（9）烷烃类油和蜡　液状石蜡（矿物油）、凡士林和石蜡等。

（10）亲水性羊毛脂衍生物　聚氧乙烯山梨醇羊毛脂和聚氧乙烯羊毛脂衍生物。

（11）亲水性蜂蜡衍生物　聚氧乙烯山梨醇蜂蜡。

（12）硅酮油　二甲基聚硅氧烷和甲基苯基聚硅氧烷。

二、按化学结构分类

1. 脂肪醇类

脂肪醇的结构特征是分子内含有醇羟基，低碳数醇、多羟基醇易溶于水。醇羟基自身可以通过形成氢键而缔合，而醇羟基与水分子也可以形成氢键，使水分子不易挥发，起到保湿作用。

化妆品中常用的有以下醇。

（1）甘油（glycerol 或 glycerin）

又称丙三醇,是一直使用的保湿剂,为无色、无臭且有甜味的透明黏性液体。它以甘油酯的形式广泛存在于动植物油脂中,可以通过皂化油脂得到,也可以直接合成制得。甘油是性能良好的保湿剂,还可以起到防冻剂、润滑剂的作用,广泛用于牙膏、雪花膏等化妆品中。

（2）1,2 – 丙二醇（1,2 – propanediol）

$$H_3C\overset{\displaystyle OH}{\underset{\displaystyle OH}{-}}$$

用于化妆品的仅限于1,2 – 丙二醇。它是无色、无臭、略带有甜味的透明黏性液体,易溶于水。具有与甘油相似的外观和物理性质,其黏性比甘油低,手感好,可作为甘油的代用品而用于化妆品中。

（3）1,3 – 丁二醇（1,3 – butanediol）

$$H_3C\overset{\displaystyle }{\underset{\displaystyle OH}{-}}OH$$

是应用较晚的保湿剂,是无色、无臭、略有甜味的透明黏性液体,溶于水和乙醇,微溶于乙醚。它除具有保湿作用外,还具有良好的抑制作用。

（4）双甘油（diglycerol 或 diglycerin）

$$HO\overset{\displaystyle }{\underset{\displaystyle OH}{-}}O\overset{\displaystyle }{\underset{\displaystyle OH}{-}}OH$$

又称一缩二甘油。由两个甘油分子缩合而制得,是白色或淡黄色、无臭、无味的透明黏性液体,溶于水,可作为甘油的代用品。因其冰点低,也可作较好的防冻剂。

（5）山梨醇（sobitol）

$$HOH_2C\overset{\displaystyle OH}{\underset{\displaystyle }{-}}CH\overset{\displaystyle }{\underset{\displaystyle OH}{-}}CH\overset{\displaystyle OH}{\underset{\displaystyle }{-}}CH\overset{\displaystyle }{\underset{\displaystyle OH}{-}}CH-CH_2OH$$

又称山梨糖醇,是一种多元醇,白色、无臭结晶粉末,有清凉的甜味,溶于水,微溶于乙醇、乙酸,几乎不溶于其他有机溶剂。用作甘油的代用品,保湿性较甘油缓和,因口味好,起到矫味作用,也可以与其他保湿剂配合使用,起到协同效果。

（6）D – 甘露醇（D – mannitol）

$$HOH_2C\overset{\displaystyle OH}{\underset{\displaystyle }{-}}CH\overset{\displaystyle OH}{\underset{\displaystyle }{-}}CH\overset{\displaystyle }{\underset{\displaystyle OH}{-}}CH\overset{\displaystyle }{\underset{\displaystyle OH}{-}}CH-CH_2OH$$

也称 D - 甘露糖醇,其性能和作用与山梨醇相似。除上述醇以外,用作保湿剂的脂肪醇类化合物还有乙二醇、异丙醇、十六醇、木糖醇(xylitol)、双丙二醇(dipropylene glycol)、低相对分子质量聚乙烯醇(polyvinyl,PVA)等。

(7)聚乙二醇(polyethylene glycol,PEG)

$$HO \overbrace{}^{} [CH_2-CH_2-O]_n H$$

是由环氧乙烷聚合而得到的聚合物。用作化妆品保湿剂的是平均相对分子质量为600 以下的聚乙二醇,常温下呈液体状,是几乎无色的透明黏性液体,稍有气味。聚乙二醇吸湿能力随着相对分子质量的增大而相应地降低,但其凝固点相对上升。可根据需要选用不同相对分子质量的聚合物。主要在润肤膏霜、蜜类护肤品、化妆水、牙膏等化妆品中,用作保湿剂。

(8)木糖醇(xylitol)

$$HOH_2C-CH-CH-CH-CH_2OH$$

白色结晶或结晶性粉末,无气味,有甜味。

(9)十六醇(hexadecanol)

$$HO\diagdown\diagup\diagdown\diagup\diagdown\diagup\diagdown\diagup\diagdown\diagup\diagdown CH_3$$

又称鲸蜡醇(cetanol),是高级脂肪醇的混合物,主要成分为十六醇。白色薄片、粒状或块状物,稍有气味,熔点46~55℃。最早是由鲸蜡得到而得名,现在可人工合成,再经分离、精制而得到。

(10)十八醇(octadecanol)

$$HO\diagdown\diagup\diagdown\diagup\diagdown\diagup\diagdown\diagup\diagdown\diagup\diagdown CH_3$$

又称硬脂醇(stearyl alcohol)或脂蜡醇,是高级脂肪醇的混合物,主要成分为十八醇。白色薄片、粒状或块状物体,略有气味,熔点54~61℃。

(11)油醇(oleyl alcohol)

$$HO\diagdown\diagup\diagdown\diagup\diagdown\diagup\diagdown\diagup\diagdown\diagup\diagdown CH_3$$

十八碳烯醇(9 - octadecenol),是高级脂肪醇的混合物,主要成分为油醇。白色或淡黄色透明液体,略有气味,熔点6℃以下。

(12)鲨肝醇(batyl alcohol)

$$HO\diagdown\diagdown\diagup O \diagdown\diagup\diagdown\diagup\diagdown\diagup\diagdown CH_3$$

主要成分为甘油的 α – 单十八烷基醚(3 – octadecyloxy – 1,2 – propanediol),是多元醇烷基醚化合物。由鲨鱼肝脏取得而得名。白色或微黄色结晶性粉末,稍有特异的气味。

(13)羊毛醇(lanolin alcohol)　是由羊毛脂皂化后得到的高级脂肪醇、脂环族醇和胆固醇的混合物。其胆固醇含量在 30% 以上,淡黄色或黄褐色软膏状或蜡状物质,有特异气味,熔点 45 ~ 75℃。

(14)氢化羊毛醇(hydrogenated lanolin alcohol)　是羊毛醇加氢的产物,其胆固醇含量在 30% 以上,白色或黄褐色蜡状物质,稍有特异气味,熔点 55 ~ 75℃。

2. 脂肪酸及其盐类

脂肪酸分子中含有羧基属极性基团,它可以与水分子作用形成氢键,而使水分不易挥发,起到保湿作用。但因其具有酸性,可能产生刺激性作用和影响化妆品的 pH。所以,多以脂肪酸盐或酯形式使用,可减缓其刺激性或对 pH 影响,同时也增大其在水中或油中的溶解度。常用的脂肪酸及其盐类有:

(1)乳酸钠(sodium lactate)

又称 2 – 羟基丙酸钠,$CH_3CH(OH)COONa$ 可由乳酸与碳酸钠反应得到,也是人体代谢产物乳酸的钠盐。淡黄色黏稠液体,易溶于水。是天然保湿因子的重要成分之一,具有较强的吸湿和保湿能力。多用于润肤霜膏、蜜类化妆品,也可用作甘油的代用品。市售乳酸钠盐通常是 50% ~ 60% 的水溶液。

(2)2 – 吡咯烷酮 – 5 – 羧酸钠(sodium 2 – pyrrolidone – 5 – carboxylate)

$$O=\!\!\!\begin{array}{c}\\ \overset{\displaystyle}{\underset{H}{N}}\end{array}\!\!\!-COONa$$

常简称为吡咯烷酮酸钠。其羧酸是白色结晶粉末,其水溶液是呈无色、无味、透明的液体。只有以盐的形式才有良好的吸湿、保湿能力,是天然保湿因子的主要成分,其保湿能力比甘油强。保湿剂含量如表 7 – 2 所示:

表 7 – 2	保湿剂的含量	单位:%
保湿剂	31% 湿度	58% 湿度
甘油	13	35
吡咯烷酮酸	<1	<1
吡咯烷酮酸	20	61

(3)海藻润肤剂(sodium alginate)

海藻是生长在海底和海面的无根、无花、无果的一类地球上最古老的植物。它是从海洋中吸收营养,通过孢子进行无性繁殖的低级植物。这类植物种类很多,据记录约有17000 种,世界上海藻极其丰富,每年都有几百万吨的产量。我国人民早就将海藻作为食品,以预防缺碘所引起的疾病,人们还利用海藻来医治各种创伤,还可用它来作染料、颜料等,但海藻远非完全被利用。海藻分 3 大类:褐藻、绿藻和红藻,化妆品中主要采用营养成分高的褐藻类,如褐藻酸钠(Na-alglnnate)、褐藻胶(aligin)以及海藻提取物。褐藻的主要成分为蛋白质、脂肪、维生素、微量元素及碳水化合物等,其中蛋白质含量约8%,这些物质对皮肤有一种天然的亲和力,易于被皮肤吸收。褐藻中含有多种维生素,具有抗皮肤衰老和促进角质层细胞生长的作用。此外,还含有人体必需的各种矿物质和多种微量元素。

据对海藻的分析,海藻含有多种维生素,如维生素 A、维生素 B_1、维生素 B_2、维生素 B_3、维生素 B_5、维生素 B_{12}、维生素 C、维生素 D、维生素 E、维生素 K 和叶酸等,还含有丰富的无机物如碘、钙、磷、铁、钠、氮、镁、硫、氯、铜、锌和锰及微量的钡、硼、锂等,海藻含有大量的氨基酸,如丝氨酸、丙氨酸、精氨酸、甘氨酸、赖氨酸、天冬氨酸、缬氨酸、亮氨酸、异亮氨酸和色氨酸和糖类,如岩藻糖、甘露醇、木糖、半乳糖、葡萄糖;海藻具有多种功用,如良好的润肤护肤作用,可使皮肤变得柔软细腻,它在皮肤表面可形成保护膜以防止水分散发,具有良好的保湿作用、消炎抗菌作用,海藻中含碘量约为0~0.5%,其中褐藻含量最多,这种碘具有抑菌消毒作用。海藻中还含有化合物——双叉藻菌醇,是一种多羟基苯醚,具有抗菌功能。

海藻中含有丰富的超氧化物歧化酶(SOD),是高效的自由基清除剂。SOD 在人体内可消除酪氨酸酶活性作用,而且在 UVB(260~320nm)下有较强的吸收性,是一种性能优良的美白剂和紫外线吸收剂。酸性物质如维生素 C 与维生素 E 对皮肤的协同作用,可促进表皮细胞的生长,皮肤的新陈代谢,改善皮肤的性质和功能,增加真皮层胶原蛋白,具有抗皮肤老化作用。另外,海藻还是一种良好的增稠剂。

近年来,国内外已将海藻萃取物应用于化妆品中,将它添加到洗发乳、浴液、膏霜、面膜等制品中,我国青岛、北京等地生产的这类化妆品,在化妆品市场上受到好评。海藻是一类极有开发前景的化妆品原料。外观为黄色溶液,pH=5.0~7.0,化妆品中的添加量为1%~3%。在化妆品中既是胶黏剂,又可起到保湿剂的作用。同样,其他胶黏剂如黄芪树胶、阿拉伯胶等也有类似的保湿作用。

(4)透明质酸(hyaluronic acid)

是由 β-D-葡萄糖醛酸和 β-D-乙酰氨基葡萄糖以 β-1,3 苷键连接成二糖衍生物,以此作为重复结构单位,通过 β-1,4 糖苷键再结合成大分子的黏多糖,相对分子质量为 $2 \times 10^5 \sim 2.5 \times 10^5$,其分子结构式为:

β-D-葡萄糖醛酸　　β-D-乙酰氨基葡萄糖

透明质酸广泛存在于生物机体中。如哺乳动物的眼球玻璃体、角膜、关节液、脐带及结缔组织中。由于其分子结构类似于羟基纤维素,因此具有较强的吸湿、保湿作用。据测定,它的保湿能力远超过一般的保湿剂,如甘油、山梨醇、吡咯烷酮羧酸盐等。

它易与水分子结合形成黏稠凝胶,具有成膜和润滑性能,特别是用于护肤化妆品中,效果尤为显著。据报道,已从鸡冠中提取、分离得到透明质酸,但因价格高而未能广泛应用于一般化妆品,仅限用于高品质的护肤化妆品。

3. 脂肪酸酯类

常用保湿剂有脂肪酸乙酯、异丙酯、十四烷基和十六烷基酯;聚乙二醇或聚丙二醇脂肪酸酯;甘油三酸酯(如杏仁油、豆油、橄榄油、鳄梨油、蓖麻油和麦芽胚油等),下面仅举一些代表性例子。

(1)低碳醇的脂肪酸酯　月桂酸己酯、豆蔻酸异丙酯、豆蔻酸丁酯、棕榈酸异丙酯、棕榈酸丁酯。

这些是合成油脂,在常温下为无色透明液体。属低黏度的轻油类物质。用于护肤膏霜和蜜类化妆品中,用量为2%~10%。可在皮肤上形成一层细腻、润滑膜,无油腻感,不发黏,被认为是所有润肤剂中渗透力最好的一类滋润剂,并能提高其他润肤剂,如羊毛脂等的渗透力。

(2)高碳醇的脂肪酸酯　豆蔻酸鲸蜡醇酯、豆蔻酸豆蔻基酯、三脂肪酸甘油酯、聚乙二醇单油酸酯。

这些高碳醇的脂肪酯多为油蜡性质,是极好的保湿剂,在膏霜类中用量可达5%,在蜜类化妆品中的用量为0.55%~2%。尤其在人体皮脂内含有30%以上的三肪酸甘油酯结果被证实后,使得植物油脂用作润肤剂,被广泛应用于护肤化妆品中。

4. 尿囊素

化学名称为5-脲基咪唑啉-2,4-二酮(5-ureidoimidazolidine-2,4-dione),是尿素的衍生物,结构式为:

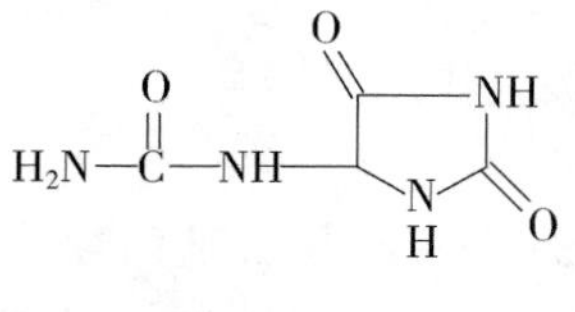

它是白色结晶性粉末,无臭、无味。不仅可以促进肌肤、毛发最外层的吸水能力,而且有助于提高角蛋白分子的亲水力。因此,可改善肌肤、毛发和口唇组织中的含水量。对皮肤干燥、粗糙、角化或毛发干枯、硬脆、断裂及口唇干裂等问题,有湿润和调理作用,使皮肤柔软、具有弹性和光泽。

尿囊素是尿素的衍生物,最早因在牛的尿囊液中发现而得名。在20世纪30年代,国外将它作为一种药物,用来缓解和治疗慢性溃疡、创伤等,沿用至今。

尿囊素广泛存在于自然界,如牛尿囊液、蛆排泄物及胎儿尿中,除了人和类人猿之外的所有哺乳动物的尿囊液中皆有。在一些植物体如烟草籽、麦种、甜菜、土青木香根、药用倒提壶草、紫藤花以及紫草科的雏菊根等中也有尿囊素,其中雏菊根中含量多达0.8%。

尿囊素不仅可以促进肌肤、毛发最外层的吸水能力,而且有助于提高角蛋白分子的亲水力,因此可改善肌肤、毛发和嘴唇组织中的水含量,赋予肌肤、毛发及嘴唇以柔软、弹性、光泽,缓解非病理状态的肌肤干燥、粗糙、皱纹、生鳞屑、衰老、角化皲裂或毛发干枯、无光、硬脆、断裂、分叉以及嘴唇干裂等症状。尿囊素可添加到化妆品基质中,性能稳定。即使加到乳膏化妆品中,亦无变色、破坏乳膏结构稳定性等弊病。添加量一般少于1%便可收到显著效果。

目前,其衍生物也得到广泛应用,如氯羟基脲囊素铝、尿囊素蛋白质、尿囊素聚半乳糖醛酸等,既可以起到保湿剂作用,又具有收敛剂的功效。

5. 神经酰胺(ceramide)

又称脑酰胺,N–脂酰鞘氨醇(N–fatty acyl sphingosine),是无色透明液体,高效保湿剂,具有启动细胞的能力,促进细胞的新陈代谢,促使角质蛋白有规律的再生。

神经酰胺是近年来开发出的最新一代保湿剂,是一种水溶性脂质物质,它和构成皮肤角质层的物质结构相近,能很快渗透进皮肤,与角质层中的水结合,形成一种网状结构,锁住水分。

神经酰胺是存在于人体皮肤最外侧的角质层细胞间类脂体的主要构成成分($>50\%$),起着防止水分散发及对外部刺激有防护功能的重要作用,具有保护皮肤和滋润、保湿功能。也有许多研究报告指出,可以通过使用含神经酰胺的外用膏类产品,达到防治过敏性皮肤病和抑制黑色素褐斑的效果。

6. 丝肽(silk peptide)

是由虫丝蛋白的酶水解产物,为可溶性天然纯丝肽蛋白,可被人体吸收。能使皮肤角质层保持一定水分,透过角质层与上皮细胞结合,并被细胞吸收,参与和改善皮肤细胞的代谢,使皮肤光滑润泽,富有弹性和保湿的功效。

丝肽为淡黄色溶液,分子质量为500~1000u,pH5~7,在化妆品中的添加量为1%~2%。

三、保湿剂应用实例

[例1]保湿沐浴露

保湿沐浴露配方如表7–3所示。

表7–3　　　　　　　　　　　　　保湿沐浴露配方

	成分	质量分数/%
A相	椰油酰谷氨酸钾(30%溶液)	25.00
	月桂酰两性基乙酸钠	15.00
	椰油烷基–甜菜碱	15.00
	月桂酰肌氨酸钠	10.00
	吡咯烷酮羧酸钠(50%溶液)	1.50
	甘油月桂酸酯	2.00
	水	至100.00
B相	水解透明质酸	0.10
	苯氧乙醇、苯甲酸、脱氢乙酸、乙基己基甘油	1.00
	丙二醇、水、荨麻提取物	1.00
	香料	2.00
C相	柠檬酸	适量

　　工艺流程为将 A 相各组分混合,加热到75℃。将 B 相组分按顺序加入到 A 相中。冷却至室温,用 C 相调节 pH = 3.5。

[例2]保湿沐浴露

保湿沐浴露配方如表7-4所示。

表7-4　　　　　　　　　　　　保湿沐浴露配方

	成分	质量分数/%
A 相	水	0.50
B 相	甜味剂、香料	0.20
C 相	吡咯烷酮羧酸钠、乳酸钠、精氨酸、天冬氨酸、PCA、甘氨酸、丝氨酸、苏氨酸、脯氨酸、异亮氨酸、组氨酸、苯丙氨酸	0.50
D 相	氨基酸	1.00
E 相	牛油树脂	30.00
	椰子油	30.00
	可可油	5.00
	月桂酰肌氨酸异丙酯	6.90
	葡萄籽油	10.00
	蜂胶	15.00
	维生素 E	0.50

　　工艺流程为将 B 相溶解于 A 相中。将 A/B 相与 C 相混合。50℃,溶解 D 相各组分。将 D 相与 A/B/C 相混合。混合物外观为白色、膏状、均质。混合 E 相组分,并加热到70℃。搅拌下,将 E 相加入 A/B/C/D 相中。

[例3]保湿面膜

保湿面膜配方如表7-5所示。

表7-5　　　　　　　　　　　　保湿面膜配方

成分		质量分数/%
A 相	水	64.55
B 相	丙烯酸(酯)类/C10～C30 烷醇丙烯酸酯交联聚合物	0.40
C 相	甘油	2.50
	甲基葡萄糖聚醚-20	1.75
	PPG-20 甲基葡萄糖苷醚	0.75
	EDTA-2Na	0.05
	聚甘油-3 月桂酸酯	1.25

续表

成分		质量分数/%
D 相	二异硬脂醇苹果酸酯	8.00
	二异硬脂醇二聚亚麻油酸酯	6.00
	异硬脂酸盐	1.50
	PEG – 20 甲基葡糖倍半月桂酸酯	1.25
	维生素 E	0.50
	米糠蜡	2.75
	番茄提取物、杏核油	2.00
E 相	氢氧化钠(18%)	0.70
F 相	麦麸提取物、丙二醇、水	2.00
	蜂蜜提取物、丙二醇、水	1.50
G 相	苯氧乙醇、羟苯甲酯、对羧基苯甲酸丙酯、对羧基苯甲酸丁酯、对羧基苯甲酸乙酯、对羧基苯甲酸异丁酯	0.40

工艺流程为将 B 相撒入 A 相中,搅拌。将 C 相各组分按照顺序加入到 A/B 相中,混合至均匀。加热到 75～78℃。混合 D 相各组分,加热 75～78℃,混合至均匀。将 D 相加入 A/B/C 相中,混合至均匀。将 E 相加入到体系中,混合至均匀。冷却到 40℃。将 F 相各组分按顺序加入到体系中,混合至均匀。将 G 相加入到体系中,混合至均匀。

[例 4] 保湿啫喱

保湿啫喱配方如表 7 – 6 所示。

表 7 – 6　　　　　　　　　保湿啫喱配方

成分		质量分数/%
A 相	水	62.21
	甘油	2.00
	丁二醇	6.00
	戊二醇	2.00
	EDTA – 2Na	0.05
	卡波姆	0.20
	汉生胶	0.06
B 相	鲸蜡醇、硬脂醇、山嵛醇、植物甾醇、甘油硬脂酸、辛酸/癸酸甘油三酯、氢化卵磷脂、PEG – 20 植物甾醇	6.00
	十八醇、十六醇	1.50
	鲨肝醇	0.10
	棕榈酸异辛酯	1.00

续表

	成分	质量分数/%
	己酸十六酯	2.00
	三羧甲基丙烷	2.00
	环戊硅氧烷、聚二甲基硅氧烷、乙烯基聚二甲基硅氧烷交联共聚物	1.00
	聚二甲基硅氧烷	1.00
	环戊硅氧烷	2.00
	聚二甲基硅氧烷、乙烯基聚二甲基硅氧烷交联共聚物	3.00
	乙基己基甘油、甘油辛酸酯	0.60
	维生素 C、四异棕榈酸酯	3.00
C 相	柠檬酸钠	0.04
	水	2.00
D 相	尿酸	2.00
	甘草提取物、PPG - 6 - 癸基十四醇聚醚 - 30/水、丁二醇	0.10
	麦角硫因	0.10
	甘草酸二钾	0.01
	香料	0.03

工艺流程为分别加热 A 相和 B 相到 70℃。搅拌 A 相,75℃时,加入 B 相。混合完全,加入 C 相。45℃时,将 D 相加入 A/B/C 相中。冷却到 30℃。

[例 5]保湿啫喱

保湿啫喱配方如表 7 - 7 所示。

表 7 - 7 保湿啫喱配方

	成分	质量分数/%
A 相	山梨醇橄榄油酯	4.00
	角鲨烷	17.50
	氢化橄榄油、橄榄油不可皂化物	3.00
	聚异丁烯、混合烷烃	10.00
B 相	硫酸镁	0.50
	去离子水	60.00
	甘油	4.00
	丙二醇、尿素醛、对氰基苯甲酸甲酯	1.00
C 相	香精	适量

　　工艺流程为混合 A 相各组分,加热到75℃,用推进式混合器混合。混合 B 相各组分,倒入单独的容器中。加热到75℃,直至所有组分完全溶解。相同温度下缓慢将 A 相加入 B 相中,均质,用推进式混合器混合至室温,按需要添加香料。

第八章　祛斑美白原料

美白祛斑主要是指用于减轻或祛除面部皮肤色素沉着斑(雀斑、黄褐斑、老年斑等)，增加白皙功能。

第一节　色素沉着斑相关知识

一、色素沉着斑的成因

人类皮肤表皮基层中存在一种能产生黑色素(melanin)的特殊细胞黑色素细胞(melanocytes)。黑色素是决定人类皮肤颜色的最大因素。正常时,黑色素细胞能吸收过量的光线,特别是吸收紫外线,以保护人体。当生成的黑色素不能及时代谢时,会聚集并沉积于表皮,出现色素沉着斑。

二、色素沉着斑的种类

1. 雀斑(freckle)

雀斑是一种浅褐色小斑点,针尖至米粒大小,常出现于前额、鼻梁和脸颊等处,偶尔也会出现于颈部、肩部、手背等处。除有碍美容以外,并无任何主观感觉或其他影响。

经脉不通,导致瘀血内停,阻滞不畅,心血不能到达皮肤颜面、营养肌肤,而皮肤中的代谢垃圾、有害物和黑色素就不能随着人体的正常新陈代谢排出去,逐渐沉积就形成了雀斑。

雀斑多由肺经风热,遗传所致。增加皮肤黑色素细胞中的酪氨酸酶活性,在紫外线的照射下,生成大量黑色素,便形成了雀斑。

2. 黄褐斑(chloasma)

黄褐斑也称为肝斑和蝴蝶斑,是面部黑变病的一种症状,是发生在颜面的色素沉着斑。

3. 老年斑(old age spots)

老年斑,全称为"老年性色素斑",医学上又被称为脂溢性角化。是指在老年人皮肤上出现的一种脂褐质色素斑块,属于一种良性表皮增生性肿瘤,一般多出现在面部、额头、背部、颈部、胸前等,有时候也可能出现在上肢等部位。

进入60~70岁,随着年龄的增长,老年斑的数目可逐渐增多,面积也逐步扩大。那么,老年斑是怎么产生的呢? 目前,有以下三种说法。

(1)进入老年以后,细胞代谢机能减退,体内脂肪容易发生氧化,产生老年色素。这种色素不能排出体外,于是沉积在细胞体上,从而形成老年斑。

(2)人到老年后,体内新陈代谢开始走下坡路,细胞功能的衰退在逐年加速,血液循环也趋向缓慢,加上老年人在饮食结构上的变化和动、植物脂肪摄入量的比例失调等原因,促使了一种叫作脂褐质的极微小的棕色颗粒堆积在皮肤的基底层细胞中。这种棕色颗粒是脂质过氧化反应过程中的产物。衰老的组织细胞失去应有的分解和排异功能,导致超量的棕色颗粒堆积在局部细胞基底层内,从而在人体表面形成老年斑。

(3)是老年体内具有抗过氧化作用的过氧化物歧化酶的活力降低了,自由基也就相对增加了,自由基及其诱导的过氧化反应长期毒害生物体的结果。

人体在代谢过程中,会产生一种叫做"游离基"的物质,即脂褐质色素,这种色素在人体表面聚集,即形成老年斑。

三、祛斑美白原理

祛斑美白最主要的作用机制是通过抑制酪氨酸酶而达到美白效果。酪氨酸酶的作用机制可分为抑制酪氨酸酶的活性、减少酪氨酸酶的产生和合成、抑制酪氨酸酶的糖化及加速酪氨酸酶的分解。此外,还有些美白剂可作用于黑色素形成的其他环节以及黑色素的转运代谢。

按不同的作用机制,目前已开发的美白活性成分主要包括:抑制酪氨酸酶活性的成分,如曲酸及其衍生物、甘草黄酮、桑树提取物等;减少酪氨酸酶产生或合成的成分,如壬二酸、胎盘素、姜科植物 Lempuyang(zinginer aromaticum)等;抑制酪氨酸酶的糖化作用,使得酪氨酸酶无法从内质网传送到黑色素小体内,具有此作用的活性成分有氨基葡糖、软骨糖氨、衣酶素等;加速酪氨酸酶分解的成分,如 γ-亚麻酸(亚麻油酸)等;还原黑色素或抑制黑色素合成的成分,如维生素 C 及其衍生物、熊果苷等;抑制黑色素颗粒转移至角质形成细胞的成分,如烟酰胺、绿茶提取物、黄豆提取物、抑糖蛋白等;抑制内皮素与黑色素细胞受体结合的成分,如西洋甘菊 Matricacia、德国洋甘菊等;软化角质层和加速角质层脱落(加速黑色素排出体外)的成分,如果酸等。此外,在美白化妆品中还会加入一些抵抗紫外线与抗氧化的成分,以减少紫外线、氧自由基等对黑色素形成生理过程的影响。

第二节　常见的祛斑美白原料

一、氢醌(hydroquinone)

氢醌为白色针状结晶,易溶于酒精、乙醚和水;遇光和空气容易氧化而变成深褐色,在化妆品中作为皮肤增白药。

药理作用和应用有明显的皮肤脱色作用。其优点是不像氢醌苄醚那样被代谢成细胞毒性基团而对黑色素细胞造成毒性,也不引起"点彩样"脱色和相邻部位的脱色。

作用机制与下列因素有关:①抑制酪氨酸转化为黑色素,从而抑制黑色素的生成合成。②抑制黑色素颗粒形成和(或)增加其分解;③抑制黑色素细胞 DNA 和 RNA 的合成,导致黑色素细胞破坏。

氢醌可用于治疗黄褐斑、雀斑、色素性化妆品皮炎、瑞尔黑病变、特发性多发性斑状色素沉着症、炎症后色素沉着、色素性口红斑、色素性玫瑰糠疹等色素沉着性皮肤病。

氢醌的疗效与其浓度、所用的基质和产品化学稳定性有关。浓度越高,效果越好,但刺激性也越大,因此,氢醌浓度不应大于5%。4%和5%的浓度疗效很好,但可引起中度至重度刺激。许多患者使用3%的浓度,可获得良好的疗效,少数获优效,但也有轻度刺激。来自许多研究的结果证明,2%的氢醌无刺激性,但疗效差异甚大,为无效到非常有效。尽管FDA和欧洲化妆品管理委员会认可含2%氢醌处方是安全而有效的,但他们不推荐该浓度作为黄褐斑等的初期治疗,仅建议作为维持治疗。氢醌制品的化学稳定性很重要,氢醌很容易氧化而失效。因此,常用0.1%亚硫酸氢钠和0.1%的L-抗坏血酸来保持制品的稳定性。

氢醌与维甲酸和肾上腺皮质激素合用,疗效大于一药单用。维甲酸对表皮的温和刺激,有利于氢醌在表皮内扩散,同时又防止氢醌氧化,从而提高疗效。与肾上腺皮质激素合用的目的在于减轻氢醌和维甲酸对皮肤的刺激性。

在治疗中,应避免日光直接照射;在治疗中和治疗后合用的目的在于减轻氢醌和维甲酸对皮肤的刺激性。

氢醌制剂外用可产生红斑、脱屑、瘙痒和刺痛感。这些副作用常在治疗最初几天出现,多是短暂的,继续应用可消退。大多数反应是刺激性的而不是过敏性的,其发生率和严重程度与所应用的剂量有关。轻度反应不需停药,但有时需减少使用次数。长期广泛使用高于3%的浓度,可能导致严重的和不可逆的外源性褐黄病。本病属于炎症后色素紊乱,特征是真皮浅层出现黑色素细胞和黄褐病特有的胶原束嗜碱性变。避免应用高浓度的制剂,可防止不良反应的发生,应用氢醌与肾上腺皮质和维甲酸组成的复方制剂,既可提高疗效,又可避免不良反应。

在化妆品膏霜中的用量为3%~5%。

祛斑霜配方如表8-1所示。

表8-1 祛斑霜配方

组分	质量分数/%	组分	质量分数/%
液体石蜡	8.0	维生素E衍生物	1.0
十六醇	1.0	丙二醇	3.0
肉豆蔻酸异丙酯	4.0	氢醌	3.0
单硬脂酸甘油酯	1.0	防晒剂	2.0
二甲基硅油	1.0	精制水	余量

二、壬二酸(azelaic acid)

壬二酸又称杜鹃花酸。是一种天然的有9个碳原子的直链饱和的二羧酸[COOH-(CH$_2$)$_7$-COOH],为无色到淡黄色晶体或结晶粉末,微溶于水,较易溶于热水和乙酸。

作用机制:壬二酸为酪氨酸酶的竞争性抑制剂,直接干扰黑色素的生物合成,对活性高的黑色素细胞有抑制作用,但不影响正常黑色素细胞。细胞培养的实验和临床研究均证明,壬二酸对人类恶性黑色素瘤细胞有抗增生作用。因此,可阻止恶性雀斑样痣发展成皮肤恶性黑色素瘤,可获得持久的效果。抑制恶性黑色素瘤细胞的机制可能与损伤线粒体并抑制 DNA 合成有关。

主要应用于黄褐斑的病人,可作为痤疮的辅助用药。在化妆品中的浓度为 5% ~ 10%。美容祛斑乳配方如表 8-2 所示。

表 8-2 美容祛斑乳配方

组分	质量分数/%	组分	质量分数/%
液体石蜡	9.0	曲酸	2.0
角鲨烷	5.0	防晒剂	1.0
十六醇	1.0	壬二酸	5.0
甘油	5.0	精制水	余量

三、曲酸(kojic acid)

1907 年日本学者第一次在酿造酱油的曲中发现了曲酸。20 世纪 80 年代初日本中山秀夫教授用 0.25% 曲酸粉饲养黑色金鱼,黑色金鱼逐渐变成黄色,最后变成白色。此后,中山秀夫在日本第六次化妆品科学学术会议上,首次作了关于用 2.5% 曲酸霜治疗黄褐斑病人有效率为 95% 的学术报告,引起了各界的重视。1988 年 4 月,日本就批准了曲酸作为化妆品具有祛斑、防晒、美白作用,最大允许使用浓度为 3%。目前我国采用葡萄糖半曲霉发酵生产较高纯度的曲酸产品。经有关专家确认,该产品的外观、纯度、质量已达到了国际同类产品水平。

曲酸又称曲菌酸,分子式 $C_6H_6O_4$,相对分子质量 142.06,是黄曲霉菌、米曲霉菌用糖、无机盐于 30℃ 条件下培养获得的代谢产物,在 pH3 ~ 10 的范围内稳定。产品外观白色至微黄色粉状晶体。其酯化物增白效果更佳,治疗其他色素沉着性皮肤病也有良好疗效。对皮肤还有增白和防晒的效果。

曲酸克服了曲酸对光、热的不稳定,以及与金属离子形成络合物导致变色的缺点,保持或提高了曲酸抑制酪氨酸酶活性及延缓黑色素形成的效果,为现代美白化妆品的新型原料。研究证明曲酸是酪氨酸酶抑制剂,抑制酪氨酸酶形成黑色素的生化过程。动物实验证明,曲酸的复方制剂抑制短波紫外线活化的黑色素细胞可达 60% 以上。它对治疗黄褐斑有较好疗效,连续用药 3 个月,有效率达 70% ~ 80%。曲酸去斑霜在治疗色素沉着症中独树一帜,较为成功地解决色素沉着这一重大皮肤医学难题。目前含有曲酸的化妆品在欧美、日本等国家中颇为流行。

曲酸很安全,无不良反应,病人耐受性好。在化妆品的膏霜中的浓度为 1% ~ 2%。美容增白霜配方如表 8-3 所示。

表 8 - 3　　　　　　　　　　　　美容增白霜配方

组分	质量分数/%	组分	质量分数/%
硬脂酸聚氧乙烯酯	2.0	对羟基苯甲酸酯	0.2
单硬脂酸甘油酯	5.0	1,3 - 丁二醇	5.0
硬脂酸	5.0	乳酸	1.0
液体石蜡	10.0	曲酸	2.0
甘油三辛酸脂	10.0	精制水	余量

四、过氧化氢(hydrogen peroxide)

过氧化氢又称双氧水。是无色无臭的澄清液体。其释放的初生态氧有漂白作用。临床上用于皮肤增白,治疗黄褐斑和雀斑等色素沉着性疾病。长期使用有不良反应,如较长期涂在毛发部位,毛发会脱色而变黄。在美容院现场调配化妆品中的添加量为10%～20%。

五、熊果苷(arbutin)

熊果苷化学名为 4 - 羟基苯基 - β - D - 吡喃葡糖苷。20 世纪 80 年代中期,美国哈佛大学与日本驰名化妆品公司在他们的基础医学研究室,在一种叫熊果苷的植物中发现了能够抑制黑色素的活性成分,随后在越橘、草莓、沙梨、虎耳草、酸果蔓等植物中也相继发现了这种物质。后来,研究人员从上述植物中提取出了熊果苷(arbutin)。

熊果苷分子式为 $C_{12}H_{16}O_7$,相对分子质量为 272.25,是白色带苦味针状晶体。医学临床发现,熊果苷具有利尿和抗尿道感染作用。20 世纪 90 年代初日本一些医院以熊果苷治疗皮肤色素沉着的病人,随后日本将熊果苷叶作为生药收入药典。

熊果苷是现代生物技术的产物,它渗入皮肤后能有效地抑制酪氨酸酶的活性,阻断黑色素的形成,减少黑色素积聚,预防雀斑、黄褐斑等色素沉着,具有美白皮肤的作用。

20 世纪 90 年代初日本资生堂公司率先购买了熊果苷专利,并将其最先应用于化妆品中。此后有关熊果苷的专利文献相继出现,世界上使用熊果苷作为美白剂的化妆品公司日益增多,特别是近几年来有关添加熊果苷的护肤霜配方不断出现。最近国外临床实验证明,熊果苷对紫外线照射色素,而且还具有良好的配伍性、能协助其他护肤成分更好地完成美白、保湿、去皱、消炎等作用,因此发达国家的美白护肤品市场已被熊果苷所垄断。

目前熊果苷不仅用于美白护肤品,而且广泛用于洗发、护发和染发化妆品中。用适量的熊果苷与两性离子型表面活剂等制成的洗发乳,洗发时对皮肤与毛发无任何刺激性。在发、油、摩丝等护发产品中添加熊果苷,可抑制护发剂中的色素或香精对皮肤和毛发的刺激性或过敏性。熊果苷添加于染发剂中则能增强产品对毛发的渗透性,从而缩短染发时间,提高染发效果。

熊果苷抑制黑色素合成的效果强于曲酸和抗坏血酸。主要用于黄褐斑和增白皮肤,疗效良好；外用无毒、无副作用、安全性好。在化妆品中的常用量为 1% ~ 3%。

熊果苷祛斑霜配方如表 8 - 4 所示。

表 8 - 4　　　　　　　　　　　　　　熊果苷祛斑霜配方

组分	质量分数/%	组分	质量分数/%
十六烷基(EO)20(PO)2H	1.0	羟基丙基纤维素	0.1
硅 KF96	2.0	2 - 氨基甲基丙醇	0.1
丙二醇	3.0	熊果苷	2.0
甘油	5.0	精制水	余量
聚丙烯酸	0.5		

六、宫宝素

宫宝素是由人胎盘组织经过酶解后提取的生物制品，国内近年来应用较多，是一种较好的化妆品功能性原料。主要作用为：促进血液循环和改善皮肤性质，使较干燥的皮肤转为润泽，减少皮肤的皱纹，具有明显的保湿作用。同时可以改变皮肤的黑色素细胞，增加黑色素细胞的排泄，使皮肤变为洁白光亮。

宫宝素为黄色透明状液体，pH 6.5 ~ 7.5，在化妆品中的添加量为 2% ~ 3%。

七、内皮素拮抗剂

内皮素拮抗剂是一种新型的美白剂。日本的 Lmokawa 等人于 20 世纪 90 年代初发现，在紫外线照射下，角朊细胞释放一种细胞分裂素，当它被黑色素细胞的受体接受后，会使黑色素细胞增殖，提高了黑色素的合成量。这种细胞分裂素称作内皮素或称血管收缩肽，它首先是在内皮细胞组织中发现的。实验室细胞培养试验证明，内皮素加快了黑色素的合成。

在细胞培养试验中，加入一种内皮素抗体，就可消除内皮素的作用，使黑色素降到正常的水平。从而证实了由于紫外线照射而从角朊细胞中分泌的内皮素，加速了黑色素细胞的增殖。日本学者用一种内皮素拮抗剂和一般的美白剂进行平行试验，在 5 个月内，皮肤黑色素细胞不均匀性明显下降（用影像分析仪计算系数，以表示不均匀性）。使用内皮素拮抗剂作为美白剂，与其他美白剂（抑制酪氨酸酶及其他酶）相比，具有以下优点：一是高效。紫外线照射角质细胞后分泌出内皮素，但此内皮素由于拮抗剂的存在，不能与黑色素细胞的受体结合，就不再合成多余的黑色素了，与一般的美白剂相比，内皮素拮抗剂针对黄褐斑的临床试验效果是显著的。二是快速。试验证明，使用内皮素拮抗剂时，对于紫外线照射引起的黑色素的消退速度是使用酪氨酸抑制剂时的四倍。可以这样来理解，合成黑色素时，酪氨酸酶处于黑色素细胞黑素体内，酪氨酸酶抑制剂要起作用，必须通过好几关，即角质层、颗粒层、棘层、基底层（黑色素细胞膜和黑色体膜），而内皮素拮抗剂只需到达黑色素细胞膜即可发挥作用，减少了好几道关卡。

内皮素拮抗剂外观呈淡黄色冻干粉，易溶于水，分子质量 < 1000u，易于皮肤的吸收；

无毒、无刺激、不致敏、稳定、耐光、耐热；pH 3～9；在化妆品中的添加量为 0.02%～0.1%。

八、甘草黄酮(licoflavone)

甘草黄酮是从特定品种甘草中提取的天然美白剂，它既能抑制酪氨酸酶的活性。又能抑制多巴色素互变酶和 DHICA 氧化酶的活性。其外观为棕色溶液，化妆品中的添加量为 5%～10%。

九、维生素 C 磷酸酯镁(MAP)

磷酸酯镁外观白色或微黄色粉状，pH 7.0～8.5。稳定、无毒、无刺激。可促进胶原的产生，抑制酪氨酸酶的活性，具有美白和祛斑的作用。与维生素 E 合用有协同作用。化妆品中添加量为 1%～5%。

第九章 防晒原料

第一节 紫外线与人体的关系

一、紫外线与皮肤

紫外线通常用 UV(ultrsviolet)表示,它是指太阳光中波长为 $100 \sim 400nm$ 的射线,约占太阳光总能量的 6%。

1. 紫外线的分类

按紫外线对皮肤的作用不同,可分为三个区段:UVA、UVB 和 UVC 区段。

(1)UVA 区段 紫外线的波长为 $320 \sim 400nm$,又称晒黑段、长波紫外线,透射能力可达真皮层,具有透射力强、作用缓慢持久的特点。UVA 虽然不会引起皮肤急性炎症,但它对玻璃、衣物、水及人体表皮有很强的穿透力,可以先穿透表皮到达皮肤的底层并潜伏起来,而且这种作用具有不可逆的累积性。长时间就会严重扰乱皮肤的免疫系统,造成体内氧化游离基(自由基)增多,损害弹性组织。由此产生的后果是:肌肤提前衰老,肌肉松弛、下垂,角质层过厚,表皮粗糙,有皱纹和色斑出现,同时增加 UVB 对皮肤的损伤。

(2)UVB 区段 紫外线的波长为 $290 \sim 320nm$,又称晒红段、中波紫外线,透射力可达人体表皮层,能引起红斑。该段是防止紫外线晒伤的主要波段,是导致皮肤晒伤的根源。轻者可使皮肤红肿、产生疼痛感,重者则会产生水泡、脱皮等。红斑反应是迅速的,阳光直晒几个小时即可出现,在 $12 \sim 24h$ 内发展到高潮,数天后逐渐消退。皮肤反应的剧烈程度视皮肤对阳光的敏感性及其吸收能量的高低而有所不同,UVA 和 UVB 射线照射过量,可能会引起细胞 DNA 的突变,是导致皮肤癌产生的致病因素之一。

(3)UVC 区段 紫外线的波长为 $100 \sim 290nm$,又称杀菌段、短波紫外线,透射力只到皮肤的角质层,且绝大部分被大气层阻留(主要是臭氧层的吸收),所以不会对人体皮肤产生危害。

太阳光经过地球的过滤(主要是臭氧层的吸收)到达地面时,其波长低于 280nm 的波段所剩无几。但波长 $280 \sim 400nm$ 的紫外线照射仍很强烈,而且除了直接照射外,间接由大气层散射的紫外线也不能忽视。

2. 紫外线对皮肤的作用

紫外线对皮肤的作用,主要涉及以下两种化学反应。

(1)紫外线与维生素 D_3 的合成 太阳光中的紫外线能抑制和杀死皮肤表面细菌,能促进人体皮肤中的 7-脱氢胆固醇转化为维生素 D_3,对人体的生长发育具有重要作用,其反应式如下:

7-脱氢胆固醇 → 紫外线 → 维生素D₃

维生素 D_3 属 D 族维生素,是 D 族维生素生理活性最强的一种。缺少它会引起缺钙等症状,严重不足时,婴儿会引起佝偻病,成人则发生软骨病。

(2)紫外线与黑色素形成 皮肤表皮层的基底层黑色素细胞内黑色素含量,是决定人体皮肤颜色的重要因素。黑色素形成的生物化学过程现已研究得比较清楚,认为它是由酪氨酸在含铜离子(Cu^{2+})的酪氨酸酶作用下,氧化生成 3,4 - 二羟基苯丙氨酸(多巴),再由酪氨酸酶氧化为多巴醌,进一步氧化为 5,6 - 二羟基吲哚,聚合后生成黑色素,其反应过程可表示如下:

酪氨酸 → 3,4二羟基苯丙氨酸 → 多巴醌 → 吲哚-5,6醌 → 聚合 → 黑色素

紫外线照射可促使酪氨酸酶的活性升高,尤以 UVB 紫外线作用更为强烈,促使皮肤黑色素增多而变黑。如面部皮肤上的雀斑、黄褐斑等色斑,也会因日光照射而加重。

由上述紫外线所涉及人体皮肤的化学反应可知,适宜的日光照射对身体是有益的,反之,过度的日晒对人体是有害的。皮肤变黑的原因主要有两方面,内因是体内酪氨酸酶的活性,外因是紫外线作用于皮肤所致。为了防止或减弱紫外线对皮肤的照射,除了使用遮阳的防晒用具外,涂抹防晒用化妆品也是常用的方法。

二、紫外线对皮肤的光辐射损伤

紫外线对皮肤的光辐射损伤主要包括:紫外线辐射的急性损伤,紫外线辐射导致的慢性光老化以及紫外线辐射引起的皮肤肿瘤。

UVA 可进一步分为 UVA Ⅱ（320～340nm）和 UVA Ⅰ（340～400nm），目前认为 UVA Ⅱ的生物学作用与 UVB 类似。相同剂量 UVB 对皮肤的损伤比 UVA 大 800～1000 倍，其引起的急性损伤易于引起注意，故早期的研究多针对 UVB 引起的晒伤、晒黑、免疫抑制、皮肤癌等领域，且认为 UVA 仅有微小的协同作用。但 UVA 对皮肤的危害性持久，同时有报告其导致皮肤癌的潜在危险不低于 UVB。虽然 UVA 的能级低于 UVB，但其穿透力极强，其对织物、玻璃、水及皮肤的穿透力要远远超过 UVB，UVA 可穿透表皮直达真皮层，超过 50% 的 UVA 能渗透到皮肤乳头层和网状真皮，导致皮肤失去弹性、松弛，扰乱皮肤正常的免疫系统，更会诱发癌变。

近年来研究表明紫外线照射是导致细胞中活性氧簇（ROS）大量增加的主要外界因素之一。其中 UVA 不仅可直接诱生 ROS，还可通过一些间接的方式使皮肤中 ROS 浓度异常升高。紫外线照射后数小时皮肤局部可以出现炎症细胞浸润，这些细胞可产生大量的活性氧簇，为皮肤中异常升高的 ROS 来源之一。研究发现，角质形成细胞和成纤维细胞反复暴露于太阳光下，或人的皮肤经生理剂量的 UVA 照射，均可诱导这些细胞的线粒体 DNA（mtDNA）出现大范围缺失性突变，该突变会导致线粒体功能损害，损害的线粒体存在电子传递和氧化磷酸化功能缺陷，可在能量代谢中产生大量 ROS，使皮肤中 ROS 浓度异常升高。这些异常升高的 ROS 通过氧化和交联作用，使细胞 DNA、蛋白质、脂类及辅酶受损，造成 DNA 复制错误，细胞膜受损及细胞酶类破坏。此外，线粒体膜也受到损伤，而线粒体是细胞能量的加工厂，它的损伤会导致 ATP 生成减少，不足以维持细胞生存而诱发细胞凋亡。人体内过量产生的自由基是引起人体衰老、致病甚至致癌的重要因素之一。异常情况下过量生成的 ROS 对细胞的损伤机制主要有以下几方面。

1. 细胞膜损伤

生物膜是活性氧攻击的重要目标，活性氧主要攻击生物膜上的不饱和脂肪酸，引发脂质过氧化链式反应，导致膜结构的通透性改变，最终导致细胞凋亡。

2. 细胞 DNA 损伤

DNA 中的碱基、核糖及磷酸都有可能受到 ROS 的攻击，ROS 可破坏皮肤角质形成细胞 DNA，若 DNA 损伤不能修复，便会诱导细胞凋亡形成晒伤细胞，如果细胞周期继续进行，则会导致一系列皮肤疾病，如光老化、皮肤癌等的发生。

3. 蛋白质损伤

表现在一级结构断裂、氨基酸组成改变以及蛋白质空间构象改变，最终导致蛋白质变性、酶失活。在正常细胞内存在比较完备的活性氧的防御体系，包括酶类和非酶类抗氧化物质，前者包括超氧化物歧化酶（SOD）、谷胱甘肽过氧化物酶（GSH - Px）、过氧化氢酶（CAT）等，后者包括谷胱甘肽、维生素 C、维生素 E、辅酶 Q 等。紫外线辐射可下调抗氧化系统的活性，进一步使皮肤中 ROS 数量增加并在局部蓄积，过多产生的 ROS 与抗氧化防御系统间的失衡，最终可引起细胞的氧化损伤。

三、防晒剂的要求

防晒化妆品是一类用于防止皮肤晒伤的制品，从配方结构上讲，主要是在基质中添加了各种防晒剂。

防晒剂是指添加于具有防晒作用的化妆品里,能够散射、反射和吸收紫外线而起到防止或减弱对皮肤伤害作用的成分。

防晒化妆品中所用防晒剂品种很多,从防晒机制讲,可归纳为两类:一类是能分散在皮肤上面的物质,如钛白粉、氧化锌、高岭土、碳酸钙、滑石粉等,这类防晒剂主要是通过散射作用减少紫外线与皮肤的接触,从而防止紫外线对皮肤的侵害;另一类是对紫外线有吸收作用的物质,如水杨酸薄荷酯、苯甲酸薄荷酯、水杨酸苄酯、对氨基苯甲酸乙酯等,这些紫外线吸收剂能够吸收紫外线的能量,再以热能或无害的可见光效应释放出来,从而保护人体皮肤免受紫外线的伤害,现代防晒化妆品所加防晒剂主要以此类物质为主。

1. 化妆品用防晒剂具有以下要求

(1)防晒剂作为紫外线吸收剂,首先要对最有害波长范围内的紫外线(一般为100~400nm)具有较强的吸收能力,以防止或减弱紫外线的伤害。

(2)防晒剂自身要对紫外线稳定,在日光作用下不分解,且吸收能量后,能迅速转变为无害的能量。

(3)尽量无色、无味,不影响化妆品质量。

(4)安全性高,对皮肤无毒性、无刺激性、无过敏性、无光敏性。

(5)与化妆品中其他组分相容性好,相互间不发生化学反应。

(6)易得、价格低廉。

2. 理想的防晒剂应具备如下性能

(1)颜色浅,气味小,安全性高,对皮肤无刺激,无毒性,无过敏性和光敏性。

(2)在阳光下不分解,自身稳定性好。

(3)防晒效果好,成本较低。

(4)配伍性好,与化妆品中的其他组分不起化学反应。

四、防晒剂的类型

1. 无机紫外线屏蔽剂

无机紫外线屏蔽剂是一些不透光的物质,不能选择性地吸收紫外线,能反射、散射所有的紫外线和可见光。主要是利用某些无机物对紫外光散射或反射作用来减少紫外线对皮肤的侵害。如二氧化钛、氧化锌、高岭土、滑石粉、氧化铁等。这类防晒剂能在皮肤表面形成一阻挡层,防止紫外线直接照射到皮肤上,而达到防晒的目的。其防晒效果差,用量大,使用过多易堵塞毛孔。

2. 有机紫外吸收剂

有机紫外吸收剂通常是透光物质,可吸收紫外线,但吸收紫外线的波长不一。

(1)吸收290~320nm(UVB)紫外线的吸收剂　对甲氧基肉桂酸酯类、水杨酸酯类。

(2)吸收320~400nm(UVA)紫外线的吸收剂　二苯酮及其衍生物、甲烷衍生物。这些紫外吸收剂分子能够吸收紫外线的能量,再以热能或无害的可见光释放,能够有效防止紫外线对皮肤上晒黑和晒伤作用,保护人体皮肤免受紫外线的伤害。

下面介绍几种目前国际上较新的防晒化妆品原料。

(1)由美国高科技生物技术制备的纯天然高分子多糖类化合物——天来可(Tino-care® GL)。

它具有优异的细胞免疫激活作用,可有效保护并预防紫外线照射引起的光老化,刺激皮肤细胞活性,保护皮肤,加强皮肤的自身免疫保护能力。在对天来可进行的一系列护肤应用研究中发现,天来可可降低皮肤细胞内抗氧化成分氨基硫因紫外线照射而降低的程度,提高皮肤细胞在经紫外线照射时的抗氧化能力,并且能减少皮肤细胞中脂质成分的过氧化。角鲨烯是皮肤细胞中主要的脂质成分,它对紫外线引起的氧化作用非常敏感,经UVA段的紫外线照射,就会使角鲨烯过氧化、引起皮肤出现衰老现象。实验证实,天来可的应用可有效降低角鲨烯经UVA照射后发生过氧化的程度。

这种增强皮肤本身抗光老化的功能,比仅在化妆品中添加紫外线吸收剂显得更为重要,增强皮肤自身抗光老化的功能与添加紫外线吸收剂结合应用将是防晒及抗衰老化妆品开发的新方向,而且天来可具有高效抗炎活性,对晒伤皮肤复原也有明显功效。因此天来可可应用于防晒及晒后护理品中,目前在化妆品中的建议用量为1%~5%。

(2)资生堂将谷胱甘肽用于防晒化妆品,发现谷胱甘肽对于紫外线降低皮肤免疫力有防御效果。

采用紫外线对郎格罕氏(Langerhans)细胞进行照射实验,对于添加谷胱甘肽与不添加谷胱甘肽的防晒效果进行比较,证明添加谷胱甘肽的防御效果比不添加谷胱甘肽的防御效果约大1.5倍。该谷胱甘肽的这种防御效果可防止皮肤的免疫机能被紫外线破坏,据此已成功地制出稳定的防止免疫力降低的防晒剂。

谷胱甘肽为白色结晶性粉末,能溶于水,不溶于醇、醚和丙酮。谷胱甘肽的巯基(—SH)能被氧化成—S—S—键,从而在蛋白质分子中产生交联键,—S—S—键也易经还原又转化为巯基,表现为氧化还原的可逆性,所以对生物体的许多酶,尤其是一些与蛋白转化有关的酶的活性,产生很大的影响。它可与卵磷脂合成脂质体或与α-羟基酸配合使用,能有效调理皮肤和保湿,谷胱甘肽的巯基与头发中的半胱氨酸巯基能形成交联键,常与阳离子聚合物共用于烫发剂,毛发组织受到的破坏少。

谷胱甘肽首先在日本使用,我国在化妆品领域的应用多见于美容院现场调配的化妆品,而且使用方便,是一种理想的化妆品防晒剂,值得推广。还原型谷胱甘肽用在化妆品中的添加量常为0.5%~1%。

(3)辅酶(Q10)　Beiersdorf公司于1998年5月在欧洲推出了Nivea Q10抗皱霜。该产品含有重组辅酶Q10,可作为抗氧化剂刺激细胞再生,给皮肤以光泽和柔润的感觉。辅酶Q10是于1957年发现的,起初被用于食品添加剂,1978年Q10作为抗氧化剂的研究获得诺贝尔奖。它存在于人体和植物体内,随年龄自然消失。

意大利从1984年起开始生产护肤品,每年Beiersdorf公司生产1500万件产品。Beiersdorf现在拥有在美容领域应用Q10的独家专利,从1992年开始开发含辅酶Q10的护肤品。辅酶Q10可以维持皮肤能量和抑制因日晒及环境条件引起的自由离子。由于配有天然紫外线吸收剂和维生素E,辅酶Q10可以被皮肤很快吸附,增加皮肤的柔润感,在化妆品中的常用量为0.1%~0.2%。

辅酶 Q10 防晒霜配方如表 9 - 1 所示。

表 9 - 1 　　　　　　　　　　　　　　　　辅酶 Q10 防晒霜配方

组分	质量分数/%	组分	质量分数/%
C_{16} 醇	0.5	丙二醇	5.0
凡士林	12.0	甘油	5.0
液体石蜡	7.0	辅酶 Q10	0.2
单硬脂酸甘油酯	2.5	精制水	余量
失水山梨醇单硬脂酸酯	1.5		

第二节　防晒类化妆品的防晒效果评价

防晒类化妆品防晒效果的评价用防晒系数(SPF)值表示。所谓防晒产品的防晒系数是指在涂有防晒剂的皮肤上产生最小红斑所需能量与未加防护的皮肤上产生相同程度红斑所需能量之比。

美国食品和药物管理局(FDA)对防晒类产品的 SPF 值测定有较为明确的规定。它以人体为测试对象,采用氙弧日光模拟器模拟太阳光或用日光对 20 名以上的被测试者的背部进行照射。先不涂防晒产品,以确定其固有的最小红斑量(minimal erythemal dose, MED),然后在测试部位涂上一定量的防晒产品,再进行紫外线照射,测得已防护部位的 MED,对每个受试者的每个测试部位,由下式计算各个 SPF 值:

$$SPF = 防护皮肤的 MED/未防护皮肤的 MED$$

然后取平均值作为样品的 SPF 值。

SPF 值的高低从客观上反映了防晒产品紫外线防护能力的大小。FDA 在 1993 年的终审规定:最低防晒品的 SPF 值为 2 ~ 6,中等防晒品的 SPF 值为 6 ~ 8,高度防晒产品的 SPF 值在 8 ~ 12,SPF 值在 12 ~ 20 的产品为高强防晒产品,超高强防晒产品的 SPF 值为 20 ~ 30。皮肤病专家认为,一般情况下,使用 SPF 值为 15 的防晒制品已经足够了,最高不要超过 30。

以上 SPF 值的测定方法主要是针对 UVB 防护的评价,由于 UVB 可迅速使人晒伤,而 UVA 能量较低,以往未受到人们的重视。近几年来,UVA 对人体皮肤的伤害引起人们注意,国外已开始研究有关 UVA 防护能力的评价方法。

有关 SPF 值各国有不同的测试方法,因此测试结果也有很大不同,在我国,原卫生部《关于防晒化妆品 SPF 值测定和标识有关问题的通知》(《化妆品卫生规范》,2007),发布了防晒化妆品防晒系数(SPF)的测定方法及人体安全性与功效性评价方法。此外,防晒化妆品属于特殊用途化妆品,因此外包装除具有化妆品通用的标识外,还应有特殊类化妆品批号、防晒指数(SPF/PA)等。2007 版《化妆品卫生规范》说明了防晒化妆品防晒系数(SPF)测定方法和人体安全性与功效性评价方法。我国规定防晒系数最高为 SPF30,超过 30 的应根据相关规定标识为 SPF30 + 。中国消费者协会关于防晒化妆品比较试验结果中,对化妆品消费常识还提出了一些建议,如正确认识标识、根据需求选择防晒化妆品、依据肤质选择防晒化妆品、养成良好的防晒化妆品使用习惯等。

一、UVB 的防护评价

对 UVB(290~320nm)而言,主要利用防晒系数(sun protection factor,SPF)进行评价。

$$SPF = \frac{经防晒的皮肤出现红斑的\ MED}{未经防晒的皮肤出现红斑的\ MED}$$

FDA 规定 SPF 为 2~30,SPF 值过高,会增加皮肤负担,引发过敏等问题。

二、UVA 的防护评价

PFA(protection factor of UVA)是 UVA 的防护指数,其计算方法如下:

$$PFA = \frac{有保护的皮肤的\ MPPD}{未受保护的皮肤的\ MPPD}$$

MPPD(Minimum persistent pigment darkening)表示最小晒黑剂量。

$2 \leqslant PFA < 4$ 相当于 PA +(有效)

$4 \leqslant PFA < 8$ 相当于 PA + +(相当有效)

$PFA > 8$ 相当于 PA + + +(非常有效)

由于 UVA 引起红斑需较长时间才能发生,故评价遮光剂对 UVA 的作用可测定其光毒防护系数(phototoxic protection factor,PPF)。

$$PPF = \frac{应用遮光剂皮肤的\ MPD}{未用遮光剂皮肤的\ MPD}$$

MPD 即为应用遮光剂与未用遮光剂处之最小光毒剂量(minimal phototoxic dose,MPD)的比值表示。最小光毒剂量是试验者用光致敏剂后的皮肤产生红斑所需最小 UVA 量,其反映的是防护 UVA 能力的大小。

第三节　防晒性化妆品原料

一、紫外线吸收剂

紫外线吸收剂是指对紫外线有吸收作用的物质,这一类物质的分子结构一般具有羰基共轭或杂环的芳香族有机化合物,又称为化学吸收剂。它们能吸收紫外线的光能,并将其转换为热能,而本身结构不发生变化。由于这些物质的分子结构不同,可以对不同波段紫外线有选择性吸收。可以依据防晒剂的要求来选择不同结构的紫外线吸收剂。

1. 中波紫外线(UVB)吸收剂

(1)对氨基苯甲酸(PABA)　常用 5%~15% 配制成乳剂或酊剂。

(2)对氨基苯甲酸乙酯　常用 2.5%~4% 配制成乳剂。

(3)水杨酸苯酯(萨罗,salol)　常用 5%~10% 配制成溶液或乳剂。英国、法国等多个国家药典已收载本品 5%~10% 的洗剂和霜剂。

（4）美克西酮　常用4%配制溶剂,英国药典已收载本品4%霜剂。

（5）帕地马酯　本品是对氨基苯甲酸类防晒剂,美国药典已收载本品原料及洗剂。

2. 长波紫外线（UVA）吸收剂

（1）2 -（2 - 羟基 - 5 - 甲苯）苯并三唑　常用7%以下浓度配制成乳剂。

（2）2 - 羟基 - 4 - 甲氧基二苯甲酮　常用5%以下浓度配制成乳剂。

3. 兼有 UVB 和 UVA 吸收剂

（1）二羟苯酮　常用5%以下浓度配制成乳剂。美国药典已收载其霜剂。

（2）敖酸　它是日本近年发现的一种新型优质防晒化合物。常用浓度为 0.1% ~ 5% ,配制成乳剂。

4. 紫外光散射剂

（1）二氧化钛（钛白粉）　常用浓度为 5% ~ 10% 。

（2）氧化锌　常用浓度为 5% ~ 10% 。

二、抗紫外线的成分

防晒剂是防晒化妆品中起抗紫外线对皮肤损害作用的关键物质,按防护作用机制可分为物理紫外屏蔽剂、化学紫外吸收剂以及天然防晒剂。迄今为止,国际上开发的防晒剂已有 60 余种,而由于化学紫外吸收剂为化学物质,其使用安全性受到各国的重视,每个品种的推出都须通过十分严格的安全性试验。

（1）物理紫外屏蔽剂主要包括二氧化钛（TiO_2）与氧化锌（ZnO）的使用量不断增长。在美国,FDA 将 TiO_2 列为其批准使用的第 I 类（即安全、有效）防晒剂,最高配方用量达 25% ;ZnO 也于 1999 年被 FDA 列为第 I 类防晒剂中,实际上与 TiO_2 一样,ZnO 已成为美国最为常用的防晒剂组分之一。

（2）常用的化学防晒剂主要是针对 UVB 和 UVA 的,目前常用的 UVB 防晒剂,有对氨基苯甲酸（PABA）及其酯类、水杨酸酯及其衍生物、肉桂酸酯类、樟脑类衍生物。常用的 UVA 防晒剂有二苯甲酮、邻氨基苯甲酸酯、二苯甲酰甲烷类化合物。20 世纪 90 年代,美国防晒剂使用频率较高的几种防晒剂依次是:甲氧基肉桂酸酯、二苯甲酮 - 4、二苯甲酮 - 3、辛基二甲基对氨基苯甲酸、水杨酸辛酯、丁基甲氧基二苯甲酰甲烷（Parsol 1789）,而欧洲同期使用较为频繁的则有 Parsol 1789、4 - 甲基亚苄基樟脑（Parsol 5000）、甲氧基肉桂酸辛酯、辛基三嗪酮等。

（3）天然防晒剂　随着人们健康意识的逐渐提高,有越来越多的天然及有机成分被添加到个人护理产品中,防晒产品也不例外。植物成分可以增加防晒指数,同时可以避免化学成分的使用。化学合成防晒剂因光稳定性差、易氧化变质而引起皮肤过敏的现象近年来屡有发生。开发从天然植物中提取的天然防晒剂,研究其对紫外线的吸收特性,对抗紫外线辐射损伤、氧化损伤和炎症,防止皮肤癌的发生,在提高防晒产品的有效性和保证产品安全性方面,较有机合成防晒剂更具优势,但难度也更大。目前,主要在植物中提取活性成分,如中药黄芩、芦荟、甘草、紫草、桂皮、沙棘、白芝,以及富含多酚类化合物的植物等。

三、天然植物萃取的防晒剂

1. 芦丁(Rutin)

(1)又称芸香苷、芸香叶苷、芦丁芸香苷、芸香苷、芦丁。

(2)络通药理作用 芦丁属维生素类药,有降低毛细血管通透性和脆性的作用,保持及恢复毛细血管的正常弹性。

(3)产品来源 芸香叶、烟叶、枣、杏、橙皮、番茄、荞麦花等。

(4)主要作用与用途

①抗炎作用。大鼠腹腔注射,对植入羊毛球的发炎过程有明显的抑制作用。本品的硫酸酯钠(sod. rutin sulfate)对大鼠热浮肿有很强的抗炎作用。

②维生素 P 样作用。具有维持血管抵抗力、降低其通透性、减少脆性等作用,对脂肪浸润的肝有去脂作用,与谷胱甘肽合用祛脂效果更明显。

③抗病毒作用。200μg/mL 浓度时,对水疱性口炎病毒有最大抑制作用。

④抗辐射作用。芦丁对紫外线和 X 射线具有极强的吸收作用,作为天然防晒剂,添加 10% 的芦丁,紫外线的吸收率高达 98%。

⑤抗自由基作用。氧分子在细胞代谢中是以单电子形式还原的,氧分子在单电子还原产生的氧离子,体内继而产生 H_2O_2 以及毒性极大的羟自由基,因此影响皮肤的嫩滑程度,甚至加速皮肤老化程度,而产品中添加芦丁能很明显地清除细胞产生的活性氧自由基,并对活性氧自由基的清除率高达 78.1%,远远大于维生素 E(12.7%)的作用,而且对 ·OH 的清除作用也大于维生素 E。

2. 芦荟素(aloe vera)

芦荟是百合科植物,世界各地都有分布,我国海南、广东、广西、福建等省都有种植。芦荟自古埃及时代就被当作药用,我国从唐、宋年代就已有用芦荟治病的记载。人们逐渐知道芦荟具有止痛、消炎、润便、抑菌、止痒、收敛和健胃等多种功效,可用来抑制许多疾病。20 世纪中期以来,美国、日本和欧洲许多国家除了将芦荟应用到临床医药之外,还将它应用到化妆品和食品中,取得了良好的效果。

从芦荟叶中得到的芦荟提取物组成十分复杂,其化学成分仍需进一步分析研究,而且因芦荟品种和生长条件的不同,芦荟所含有的化学成分也不尽相同。目前,芦荟提取物的类型有:芦荟叶中分离出的胶质——芦荟凝胶,从叶中提取的芦荟油,从叶中提取的水溶性芦荟浓缩液及芦荟粉制品等。这些芦荟提取物都含有多种生理活性物质,主要为芦荟素、芦荟大黄素、芦荟苷、复合黏多糖、蛋白质、维生素 B 族及微量元素等有效成分,其中芦荟素及其衍生物是各种芦荟植物提取物的主要成分。芦荟所含的这些活性物质对人体皮肤具有优良的营养和滋润作用,具有保湿、抗敏、促进皮肤新陈代谢、减轻皮肤皱纹、增加皮肤弹性和光泽及能生发乌发等多种功效。

由于芦荟含有多种营养成分并具有优异的保健功能,在世界范围内掀起了"芦荟"热,芦荟被广泛应用于食品及化妆品等工业中。近年来,我国已开始对芦荟进行理论和应用的研究,在海南、福建等地建立了芦荟生产基地,栽培优良品种,对芦荟进行提取深加工,生产出优质的芦荟提取物。广东、上海、北京等地都已生产出系列芦荟化妆品,并受到消费者的广泛欢迎,在我国芦荟的应用将有广阔的发展空间。

芦荟另一个功能是可以有效地减少皮肤表面水分蒸发。芦荟叶的提取液成胶状,涂于皮肤表面后,开始时有一种滑腻感觉,片刻后,皮肤觉得十分滑爽,在皮肤上形成一种十分薄的膜,可以有效防止皮肤表皮因水分散失而造成的干燥和皲裂。芦荟提取物在化妆品的添加量为 5% ~ 10%。

芦荟防晒蜜配方如表 9 - 2 所示。

表 9 - 2　　　　　　　　　　芦荟防晒蜜配方

组分	质量分数/%	组分	质量分数/%
硬脂酸	3.0	甘油	5.0
十八醇	1.0	三乙醇胺	2.0
羊毛脂	0.5	芦荟胶	10.0
肉豆蔻酸异丙酯	5.0	精制水	余量
水溶性高分子化合物	1.0		

四、防晒原料的应用实例

[例1]防晒霜

防晒霜的配方如表 9 - 3 所示。

表 9 - 3　　　　　　　　　　防晒霜的配方

	成分	质量分数/%
A 相	蜂蜡	10.00
B 相	鲸蜡醇 Cereareth - 20	2.00
C 相	鲸蜡醇	3.50
D 相	氢化羊毛脂	2.00
E 相	辛酸/癸酸三甘油酯	3.00
F 相	聚二甲基硅氧烷	· 0.50
G 相	水	加至 100.00
H 相	甘油	2.00
I 相	Carbomer 940	0.15
L 相	三乙醇胺少量	pH6.5 ~ 7.0
M 相	EDTA	0.015
N 相	氢醋酸钠	0.20
O 相	咪唑烷基脲	0.30
P 相	2 - 溴 - 2 - 硝基 - 1,3 - 丙二醇	0.10

续表

成分	质量分数/%
苯氧基乙醇	
羟基甲酸甲酯	
羟基甲酸乙酯	2.00
羟基甲酸丙酯	
羟基甲酸丁酯	
R 相	环糊精过氧化物歧化酶	2.00
S 相	环糊精生育酚	0.20
T 相	香精	0.20

工艺流程为称量并混合所有的 A ~ F 相油相成分。混合时,将温度升高至 75 ~ 80℃。将 G 相与 M 相混合,并加热至 75 ~ 80℃。在 75 ~ 80℃的温度下,在汽轮式乳化机中将 A ~ F 相与 G ~ M 相混合搅拌 10min,然后低速搅拌,使其同歇式冷却至 50℃后,加入防腐剂(N 相、O 相、P 相、Q 相),然后加入活性物质(R 相和 S 相)使其冷却至 30℃以下时,加入香精。

[例 2]儿童防晒护肤霜

儿童防晒护肤霜配方如表 9 - 4 所示。

表 9 - 4　　　　　　　　　　　　　　　　儿童防晒护肤霜配方

作用	成分	质量分数%
A 相	十六烷基聚二甲基硅氧烷聚醚共聚物	5.00
	棕榈酸辛酯	11.00
	环甲基硅氧烷	7.50
	十六烷基聚二甲基硅氧烷	3.00
	氢化蓖麻油	0.50
	地蜡	1.00
	矿油	2.00
B 相	氧化锌/聚二甲基硅氧烷	15.00
C 相	无离子水	53.30
	氯化钠	0.50
D 相	丙二醇、重氮烷基脲对羟基苯甲酸甲酯及丙酯的混合物	1.00
	香料	0.20

工艺流程为混合 A 相,加热到 80℃,清澈后,冷却到 60℃加入 B 相。A 相、B 相用胶体磨研磨。缓慢搅拌下加 C 相于 A/B 相。冷却到 45℃,加 D 相。

[例 3]防晒霜(SPF 15)

防晒霜(SPF 15)配方如表 9 - 5 所示。

作用	成分	质量分数/%
表 9－5	防晒霜(SPF 15)配方	
A 相	十四烷基聚丙二醇(2)醚丙酸酯	4.00
	乳化蜡	4.00
	硬脂酸,三压	3.00
	十六醇	2.00
	羊毛脂油	5.00
	对羟基苯甲酸丙酯	0.20
B 相	无离子水	55.00
	丙二醇	5.00
	硅酸铝镁	1.50
	纤维素胶	0.50
	三乙醇胺	1.00
	咪唑烷基脲	0.50
	对羟基苯甲酸甲酯	0.30
C 相	对二甲基氨基甲酸辛酯	5.00
	辛基苯并咪唑磺酸	3.00

工艺流程为搅拌混合 A 相。加热到 75～80℃。良好搅拌下将硅酸盐和纤维素胶分散于水中,搅拌下加入 B 相剩余组分,并加热到 75～80℃。搅拌下加 B 相于 A 相。

第十章　抗皱及营养性原料

生物体都要经过生长、成熟、老化、死亡的过程。老化是指随着时间的改变,所有个体发生功能性和器官衰退的渐进过程。人类老化的主要特征是皮肤变薄、出现皱纹、皮肤弹性降低、色素沉淀、毛发粗糙、脱发变白、肌肉萎缩、关节僵硬等。老化是生物体的自然现象,牵涉许多因素。皮肤作为人体的重要器官,老化的发生也得以反映。

第一节　皮肤老化现象

人类皮肤从 20～25 岁开始进入自然老化状态,35～40 岁之后逐渐出现较明显的衰老变化,皮肤老化现象可以从表皮层、真皮层和皮肤附属器官的改变来观察。

一、表皮层的改变

表皮变薄时,细胞间质的天然保湿因子的含量下降,造成皮肤水合性下降,皮肤干燥,失去光泽。表皮内黑色素细胞及朗格罕(langerhans)细胞密度随着皮肤老化而变薄。阳光暴露部位,黑色素细胞增加,导致这些部位出现老年斑。langerhans 细胞量下降,可能会引起免疫反应降低。

二、真皮层的改变

真皮层是由较厚、致密的结缔组织组成,排列不规则,纵横交错成网状,使皮肤有弹性和韧性。结缔组织是由胶原纤维、网状纤维、弹性纤维组成。

在皮肤老化过程中,首先是胶原纤维组织发生改变,第Ⅲ型胶原与第Ⅰ型胶原的比值随年龄的增加而增加,是造成皮肤变薄的原因之一。其次,胶原纤维间的交联作用,使皮肤对胶原酶的抵抗能力增强,令皮肤缺乏弹性,同时形成皱纹。

弹性蛋白是维持皮肤弹性的重要成分,含量下降或变性会导致皮肤弹性下降与皱纹形成。随着年龄的增长,弹性蛋白受到弹性蛋白酶的分解,使得乳头层的垂直弹性蛋白纤维网状结构消失,并呈碎段状,分布密度下降。网状层中,平行弹性纤维的密度、表面积、长度及宽度随年龄而增加。

真皮层中富含糖类大分子,如糖蛋白(proteoglycans)或胺基葡聚糖(透明质酸),是皮肤水合作用的基础。皮肤衰老时,受到透明质酸酶的分解作用,透明质酸的含量下降。纤维连接蛋白(fibronectins)在皮肤衰老时,合成增加。真皮内血管的数量随着年龄的增加与皮肤衰老而减少,加上动脉硬化、血管壁增厚、管腔变窄,血液循环受影响,皮肤血液的供给不能达到表层,使皮肤萎缩变薄,真皮内结缔组织变性,对皮肤内血管支持力减小,老年人的皮肤可见毛细血管扩张和小静脉曲张现象。

三、皮肤附属器官的改变

汗腺数量减少,功能不全,造成汗液分泌减少。皮脂腺萎缩,分泌也减少,且成分发生改变,造成皮肤干燥,失去光泽,出现鳞屑。皮肤的皮屑是由于脂肪组织减少,皮脂分泌量减少,胶质细胞间质也减少,水分保持能力降低,皮肤水分屏障能力逐渐衰退,水分经皮肤失散率值上升。

第二节　皮肤老化的原因与机制

衰老是一种不可避免的生理变化过程。随着人年龄的增长,人体内大分子物质和细胞的生化调节能力不断降低,相关器官和组织功能逐渐衰退。就人体最大的器官皮肤而言,衰老意味着角质形成细胞、成纤维细胞数量减少与功能下降,弹性蛋白和胶原蛋白合成减少及萎缩,从而使皮肤变得缺乏弹性、松弛、粗糙,并伴有不规则色素沉着、干燥等现象。

一、内在因素

皮肤老化的内在因素为年龄的老化、自然的生理老化,一般是指机能的降低与萎缩性的变化,即为自然老化。它由遗传基因、自由基、内分泌、免疫等诸多因素引起,其中遗传基因起决定作用。

1. 遗传对皮肤老化的作用

由于遗传基因的差别,导致了不同性别、不同种族人群皮肤老化的差别。男性和女性的皮肤在结构和性质上有所不同,男性皮肤的真皮层比女性的厚,表皮层与皮下组织则比女性的薄。一项针对白人皮肤的全基因组基因表达分析研究表明,男女皮肤的老化过程很可能有所不同。种族对皮肤老化的差异化影响在肤色构成方面尤为明显,深肤色人种的皮肤对紫外线辐射有更好的应对机制。研究发现,以非裔美国人和白人的皮肤癌发病率做比对参考,非裔美国人皮肤对紫外线的防护能力远远强于白人皮肤。即便种族相同,基因多态性也会导致同种族人群皮肤老化的差异性。有研究发现了 13 种皮肤老化相关蛋白质的单核苷酸多态性(single nucleotide polymorphism,SNP),并通过基因聚类分析将这 13 种蛋白质 SNP 按比例不同界定出 10 个基因簇,对应 10 种不同的皮肤属性,主要体现为抗氧化、水合、弹性等不同组合。这意味通过分析个体的基因多态性,便能为其提供较强针对性的延缓老化对策。

2. 自由基对皮肤老化

自由基学说 1956 年由英国分子生物学家 Harman 提出。它的中心内容是:自由基反应普遍存在于生命有机体中,它是具有高度化学活性的中间体,在自由基的作用下,机体的所有成分总是经历着不同强度的化学变化,衰老来自于正常代谢过程中自由基的随机破坏作用。正常生理条件下,机体内自由基的产生与消除处于动态平衡,这种平衡一旦被破坏,体内自由基防御酶如超氧化物歧化酶(SOD)、过氧化氢酶的活性将会降低,机体消除自由基的能力明显减弱,导致过量自由基产生。由此,造成组织细胞中生物大分子化学结构的破坏性变化。这些变化包括使生命分子如胶原纤维、弹性纤维和染色体物质中形成累积性的氧化变化,使黏多糖、透明质酸分解,使惰性代谢物质和脂褐素在体内产生积累,造成脂质过氧化,引起细胞膜线粒体和酶的变化,使体内酶的活性降低。自由基引起机体衰老的主要机制可以概括为以下三方面。①使生物大分子的交联聚合和脂褐素堆积。②使器官组织细胞破坏和减少。③使免疫功能降低。

　　自由基如何影响人体的皮肤的呢? 从皮肤的结构组成可知,皮肤是由表皮、真皮、皮下组织构成。表皮是皮肤的最外层,它由形态、大小、内部结构不尽相同的上皮细胞和树突状细胞构成。表皮细胞排列紧密,对水分和一些化学物质具有屏障作用,它是真皮和皮下组织不可缺少的保护墙,皮肤衰老的内在原因不是发生在皮肤表皮,而是在真皮。真皮构成皮肤的主要部分,它是一个致密的纤维及弹性组织的网络,厚度随身体部位功能不同而异。真皮大部分由胶原和弹性蛋白的纤维粒性蛋白质组成,纤维蛋白质中间是黏多糖、盐类和水组成的凝胶层,皮肤的多种生理功能,如感觉、分泌、排泄等多种生理功能都依赖于真皮完成。真皮皮肤的衰老主要表现在胶原纤维、弹性纤维和机质在形态和生理上的退化性变化。其显著特征是:皮肤失去弹性柔软性、出现皱纹、干燥角化、无光泽和色素斑过量沉积。

二、外在因素

　　包括紫外线辐射、吸烟、空气污染等,是导致人皮肤老化的另一重要因素。有调查发现人面部皱纹与他们生活方式及生活环境的关系,发现长期日光曝晒、吸烟对皮肤有显著的负面影响。日本调查结果表明,双胞胎中使用防晒产品的一人,其皮肤皱纹评分显著低于不使用防晒产品的另一人;双胞胎中不吸烟的一人,其皮肤网状精细结构的完整性显著好于有吸烟史的另一人。

　　1. 紫外线辐射

　　长期暴露于阳光下,人皮肤会发生一系列的性状变化,如皮肤皱纹变粗、毛细血管扩张、不规则色素沉着、弹性纤维变性等。研究发现中老年组志愿者光暴露部位皮肤的真皮弹性纤维比青少年组明显要粗、多,还伴有扭曲、无序化的特点。导致皮肤发生上述老化现象的核心因素是紫外线。紫外线辐射会导致活性氧自由基的过度产生以及基质金属蛋白酶的过度表达,引发氧化应激损伤、胶原降解等一系列反应,使皮肤日渐老化,不过引起这些反应的深层次机制仍不是十分清楚。可能与 UVB 照射可通过诱导 Stratifin 表达来影响一些皮肤老化相关蛋白(胶原蛋白合成相关蛋白如 I 型胶原蛋、透明质酸合成酶 - 2 等蛋白、胶原蛋白分解相关蛋白如基质金属蛋白酶等)的表达有关。

　　2. 吸烟

　　早期的流行病学研究结果与临床报道表明,吸烟产生的烟雾是导致人皮肤早衰的独立因素之一。近些年,关于香烟烟雾导致人皮肤老化的研究发现香烟烟雾的萃取液能抑制人皮肤成纤维细胞的增殖能力,且抑制呈剂量依赖性和时间依赖性。同时,萃取液还能抑制超氧化物歧化酶和谷胱甘肽过氧化物酶的活性,导致活性氧水平的提高,说明香烟烟雾导致的皮肤老化可能是由氧化应激损伤和抗氧化系统被抑制而引起的,从而抑制转化生长因子 β 受体 2 的表达,最终导致 I 型前胶原的表达与合成减少。

第三节 抗皱原料及其特征

一、皱纹形成的原因及类型

皱纹形成的原因主要有自然老化、紫外线照射和面部表情等。

皱纹的类型主要分为固有型皱纹、重力型皱纹、光化型皱纹和动力型皱纹。

二、皮肤保湿与修复皮肤屏障功能的原料

1. 神经酰胺 E(ceramide E)

Wertz 等测定了人表皮角质层中的神经酰胺并根据分子结构将其分成 6 种类型。发现所有的神经酰胺分子质量均小于 1000u，而且都含有神经鞘鞍醇、长链的氨基醇或 4 - 羟双氢神经鞘鞍醇。神经酰胺 II 型具有一定的代表性，其结构中含有两条长链烷基，一个酰胺基团和两个羟基基团。这种结构使神经酰胺分子同时具有亲水性和疏水性，这种性质对其在表皮角质层中的作用具有重要意义。

神经鞘脂类(sphingolipids)被称为神经酰胺的前体，经代谢可产生神经酰胺。迄今为止，在各种哺乳动物细胞中已发现约 300 种不同的神经鞘脂类物质。哺乳动物的脑和脊髓中神经鞘脂类物质含量较高。个别的植物中也含有神经鞘脂类物质，由于含量太低，要分离提纯神经鞘脂类物质或神经酰胺是非常困难的。要从动物材料中分离提纯神经酰胺也不是件容易的事，因此科学家们设法进行人工合成。目前已有人成功地合成了类似神经酰胺的结构物质，称为类神经酰胺(pseudoceramdes)，但能进行这项合成工作的科学家不多。

神经酰胺 E 是细胞间质成分神经酰胺(ceramide)的类似物，它可增强表皮细胞的内聚力，改善皮肤保持水分的能力，修复皮肤屏障功能，从而缓解角质层的脱屑症状，帮助表皮再恢复，改善皮肤外观。也可避免或减少因紫外线照射而引起的表皮剥脱，从而有助于皮肤抗衰老，是现代功能性化妆品的新型添加剂。

神经酰胺的作用如下。

（1）屏障作用　皮肤脂类可调节皮肤屏障功能。那么哪些脂类起主导作用？以前的研究认为皮肤中胆固醇和脂肪酸的合成可调节皮肤的屏障功能。但最新的实验证明，神经酰胺在皮肤屏障功能的调控中起了主导作用。Grubauer 等研究的结果发现，只要从表皮角质层中除去神经酰胺，就能使皮肤屏障功能丧失。Imokawa 等的实验结果证实，局部使用一定量的天然或合成的神经酰胺，就能使因用有机溶剂或表面活性剂处理而导致皮肤丧失的屏障功能得到恢复。Holleran 等用掺入 H_2O 的方式研究表皮屏障功能与神经鞘酯类合成之间的关系。结果发现，当无毛小鼠皮肤经丙酮处理造成皮肤屏障功能紊乱时，其神经鞘酯类合成增高，在丙酮处理 5 ~ 7h，神经鞘酯类的合成可达到 170%。24h 皮肤屏障功能恢复正常。由此可见，神经酰胺在维持皮肤屏障功能方面起着十分重要的作用。

（2）聚合作用　神经酰胺分子结构表明了它具有亲水性和疏水性。这种性质可明显的增强角化细胞的黏着力。Smith 等曾报道，可以通过测定表皮角质层中神经酰胺的含量

来判断角化细胞间的黏着力大小。表皮角质层中神经酰胺的含量减少,可使角化细胞间黏着力下降,导致皮肤干燥,脱屑和呈鳞片状。Rawlings 等对干性皮肤的脱屑机制做了研究。结果发现,导致皮肤干燥的主要原因是表皮角质层中神经酰胺含量减少,神经酰胺含量的多少与皮肤干燥程度直接相关。使用神经酰胺可明显增强角化细胞间的黏着力,改善皮肤干燥程度,减少皮肤脱屑现象。

(3)保护作用　皮肤是人体的一个储水库,皮肤的含水量约占体重的 18%～20%。皮肤的润泽和弹性与表皮中所含水分有密切关系。皮肤水分的过量丢失会导致皮肤干燥,甚至皲裂。

Imokawa 等采用丙醇:乙醚(1:1)对 10 名 24～33 岁男性自愿者的前臂处理 5～20min,去除角质层的脂质,结果引起皮肤持续(>4d)皲裂,出现鳞片状现象,皮肤的电导率明显下降。将提取到的表皮角质层脂质组分别在相同条件下进行局部皮肤实验,探讨哪一种脂质组分对皮肤水分的恢复起主导作用。结果发现,神经酰胺的局部使用可导致皮肤电导率非常显著的增高,胆固醇次之,而游离的脂肪酸和胆固醇酯的作用不明显。神经酰胺具有很强的缔合水分子的能力,它通过在角质层中形成的网状结构来维持皮肤的水分。因此,神经酰胺具有防止皮肤水分丢失的保护作用。

(4)抗老化作用　皮肤在衰老过程中,角质层中神经酰胺含量减少。皮肤衰老的特征为:①皮肤干燥,脱屑,粗糙,失去光泽;②皮肤角质层变薄,皱纹增多,弹性下降。使用神经酰胺能使表皮角质层中神经酰胺含量增高,因此,可明显改善皮肤干燥,脱屑,粗糙等状况;同时神经酰胺能增加皮肤弹性。

(5)抗过敏作用　外界的有害物质(细菌、病毒等)可通过角化细胞或间隙,以及毛囊,皮脂腺和汗腺导管而侵入皮肤。这种作用的大小与表皮角质层的厚度成反比,角质层越厚对侵入的限制作用越大。Elias 等对神经鞘酯类在表皮角质层中的作用作了大量的研究。他们曾用含神经酰胺的护肤品做皮肤试验并与安慰剂做对比,结果证实,含神经酰胺的护肤品能使皮肤角质层明显增厚。神经酰胺是角质层脂质的主要组分,很容易被吸收。角质层的增厚可有效的抑制有害物质的侵入,避免了细菌、病毒等物质的侵入引起皮肤过敏。

此外,神经酰胺可取代磷脂,按近似表皮角质层脂质的比例配制成"皮肤脂质",制成"皮肤脂质"脂质体。这种脂质体性质较通常"磷脂"脂质体稳定,而且由于其脂质组分近似于表皮角质层脂质,更易渗透皮肤。当"皮肤脂质"脂质体包封生物活性物质进入皮肤后,可在那里形成"储库",生物活性物质可缓慢地从"皮肤脂质"脂质体中释放出来;同时"皮肤脂质"脂质体本身也很容易被皮肤吸收,改善皮肤脂质的结构,起到滋养、保护皮肤的作用。

最新的研究还发现,神经酰胺是细胞的第二信使,它与细胞的识别、生长、增殖和分化有关。至于它在细胞生理代谢方面的作用机制尚在进一步研究之中。

在对神经酰胺的性质及其在表皮角质层中的作用做了大量的基础研究之后,人们逐渐认识到神经酰胺可作为一种新型生物活性添加剂应用于化妆品中,因而近年来国外化妆品原料公司纷纷研制出天然或合成的神经酰胺产品。我国科技人员经过多年的努力也成功的从动植物材料中提取到了天然神经酰胺,价格较同类产品便宜。国外一些著名的化妆品公司推出含有神经酰胺的新型高级化妆品,如含神经酰胺的护肤类产品,护发类产品,保湿口红、唇膏、粉饼、眼影以及香皂等。神经酰胺在化妆品中的添加量为 1% ~ 2% 。

2. 透明质酸

关于该原料介绍详见第七章第三节。

3. 2 – 吡咯烷酮 – 5 – 羧酸钠

关于该原料介绍详见第七章第三节。

4. 乳酸钠

关于该原料介绍详见第七章第三节。

三、促进细胞分化、增殖、及促进胶原和弹性细胞合成的原料

1. 细胞生长因子

细胞因子能够促进和加快细胞生长、增殖、合成蛋白质或多肽物质,在缓解皮肤老化和皮肤创伤修复方面有重要作用。目前在皮肤老化防治及美容方面应用的细胞因子主要有对上皮细胞有强烈的促生长作用的表皮生长因子(EGF),对成纤维细胞和血管内皮细胞有促生长作用的成纤维细胞生长因子(FGF)、胰岛素生长因子(IGF)、血小板衍生因子(PDGF)和刺激来自中胚层的成纤维细胞增殖,促进胶原蛋白和弹性蛋白的合成,还可刺激血管增生,但同时抑制来自外胚层的角质形成细胞增殖的选择性细胞激活剂转化生长因子 β(TGF $-\beta$)。但由于大多细胞生长因子不耐热以及分子质量较大不易透皮吸收而限制其使用。目前从人胎盘提取液中分离的人胎盘源促细胞生长因子(HPGF – 1)是一种小分子质量的活性肽,对热稳定性高,在经过热处理后仍对多种细胞的生长增殖有促进作用。

另外,由于在皮肤老化进程中细胞膜上的细胞生长因子受体逐渐减少,其与相应细胞生长因子的结合能力和敏感性明显下降。细胞生长因子受体激活剂也用于提高体内外其相应细胞生长因子的生物学效应而达到延缓皮肤老化的作用。

2. 羟基酸(果酸)类物质

角质剥脱剂皮肤老化时表皮新陈代谢的速率减慢,角质层常不能及时脱落,从而使皮肤表面粗糙。使用温和的角质剥脱剂可促进老化角质层中细胞间的键合力减弱,加速细胞更新速度和促进死亡细胞脱离等来达到改善皮肤状态的目的,有使皮肤表面光滑、细嫩、柔软,对皮肤具有除皱、抗衰老的作用,在化妆品成分中常用的角质剥脱剂有 α – 羟基酸和 β – 羟基酸。α – 羟基酸包括羟基乙酸、乳酸、柠檬酸、苹果酸、苯乙醇酸和酒石酸,多数存在于水果(柠檬、苹果、葡萄等)中,俗称为果酸。高浓度 α – 羟基酸可用于表皮的化学剥脱,而低浓度能使活性表皮增厚,同时能降低表皮角化细胞的黏连性和增加真皮黏多糖、透明质酸的含量,使胶原形成增加。在降低皮肤皱纹的同时增加皮肤的光滑性和坚韧度,从而改善光老化引起的皮肤衰老现象。β – 羟基酸则主要从天然生长植物,如柳树皮、冬青叶和桦树皮中萃取出来,是脂溶性的新一代果酸,相比传统的水溶性果酸与皮肤有更强的亲和力和渗透力,有缓释作用。可溶解毛囊口的角化物质,使毛孔缩小,使用浓度只有传统果酸的 1/5,温和高效。

3. 脱氧核糖核酸(DNA)

20 世纪 70 年代法国率先将脱氧核糖核酸应用于化妆品中,随后英国、意大利、西班

牙、美国、日本等 10 多个国家也相继使用。1992 年,我国生产的添加剂脱氧核糖核酸也已面世。

从 1868 年被人类发现以来,脱氧核糖核酸(DNA)的生产技术得到了飞速发展。DNA 是一种重要的生物高分子化合物,是生命体最基本的物质之一。它对生物遗传、细胞增殖、蛋白质合成有重要的功用。在表皮细胞中 DNA 随着皮肤老化而含量剧减,完全角质化后含量为零,由此可见 DNA 与皮肤老化和代谢等有着极其密切的关系。DNA 的生物活性主要表现为以下几种。

(1)防晒防癌作用　DNA 可以吸收短波和中波紫外线,从而保护皮肤细胞不受紫外线的辐射损伤,起到防晒作用。试验证明,许多皮肤癌变都是皮肤基因改变造成的。由于 DNA 能吸收短波紫外线,使皮肤基因免受伤害,且得以保护,从而起到预防皮肤癌的作用。

(2)抗皱抗衰老作用　DNA 用于化妆品中引人注目的首先是活化细胞的生物效果。小分子 DNA 可以被皮肤吸收,作为合成新细胞的遗传构件,使细胞处于生命力旺盛状态,细胞更新速度快,从而起到抗皱抗衰老作用。

(3)保湿增白作用　DNA 由于它本身的分子结构决定其具有较强的吸水性和成膜性,具有很好的保湿护肤作用。DNA 也是一种有效的皮肤增白剂,其增白作用与曲酸等皮肤增白剂相似。

(4)营养治疗作用　DNA 几乎存在于所有的生物体中,既是生物的遗传物质,又是一种高营养剂,皮肤的再生和保健自然都离不开它。DNA 同氨基酸和维生素等其他营养物质共同作用可以治疗损伤、疤痕、色素沉着等皮肤疾患,治疗效果颇为理想。

目前我国生产出的是 DNA 钠盐,它是从动物肝细胞中提取出来的具有一定生物活性的遗传物质,可用于化妆品产品中。DNA 钠盐为白色纤维状固体,DNA 含量大于或等于70%,蛋白含量小于或等于 10%,菌落数小于 100CFU/g,pH 5 ~ 6,重金属等质量技术指标均符合国家标准的要求。在化妆品中的添加量为 2% 左右。

DNA 除皱霜配方如表 10 - 1 所示。

表 10 - 1　　　　　　　　　　　　　　　DNA 除皱霜配方

组分	质量分数/%	组分	质量分数/%
十八醇	10.0	十二烷基硫酸钠	3.0
液体石蜡	5.0	DNA 钠盐	1.0
甘油	6.0	透明质酸(HA)	0.5
单甘酯	2.0	精制水	余量
羊毛脂	1.0		

四、抗衰老化妆品应用实例

[例1]抗衰老保湿霜

抗衰老保湿霜配方如表 10 - 2 所示。

表 10 – 2　　　　　　　　　　　　　　抗衰老保湿霜配方

	原料名称	质量分数/%
A 相	GMS/A/S 乳化剂	4.00
	16/18 醇	4.00
	维生素 E 醋酸酯	0.5
	小麦胚芽油	1.00
	Phenonio 防腐剂	0.80
	DC200/100cst 二甲基硅油	5.00
	去离子水	至 100
B 相	甘油	3.00
	尿囊素	0.30
	乙二胺四乙酸二钠	0.10
C 相	EC – 1 增稠剂	1.00
D 相	CENNAMIDS 小麦神经酰胺	0.005
E 相	香精	0.30

[例 2] 抗衰老精华乳液

抗衰老精华乳液配方如表 10 – 3 所示。

表 10 – 3　　　　　　　　　　　　　　抗衰老精华乳液配方

	原料名称	质量分数/%
A 相	β – GelCM	10.00
	EDTA – 2Na	0.05
	丁二醇	2.00
	HA – LQH	0.02
	去离子水	至 100
B 相	Natrulon H – 10	2.00
	Mikrokill COS	0.75
	Polyaldo 10 – 1 – O	0.3
	去离子水	2.00
	香精	0.05
C 相	复合辅酶 Q10 和硫辛酸纳米乳液	5.00

[例 3] 抗衰老膏霜

抗衰老膏霜配方如表 10 – 4 所示。

表 10 - 4	抗衰老膏霜配方	
	原料名称	质量分数/%
A 相	B - Gel CM	6.50
	EDTA - 2Na	0.05
	丁二醇	2.00
	STRUCTURE SOLANACE	1.00
	去离子水	至 100
B 相	Lonzest MSA	3.50
	Nafol 1618s	1.50
	Marula Oil	1.50
	Lipex Shea	2.00
	O. D. O	3.00
	LONZEST 143 - S	2.00
	Beeswax	1.50
	DC200(100CST)	1.00
C 相	Mikrokill	0.75

第四节 蛋白质类营养性原料

蛋白质是构成一切生命活动的物质基础,人体内最基本的代谢过程几乎都与蛋白质有关。蛋白质约占人体重量的17%,仅次于水,主要存在于肌肉之中,其次存在于血液、软组织、骨骼等器官、组织中。

一、蛋白质的作用

蛋白质被人体消化吸收后用于合成和修补组织。人体的各种组织处于不断地分解变化之中,需要从食物中获取蛋白质,以补充被消耗掉的部分。

人体多余的蛋白质能够以脂肪的形式储存起来,当需要时又能从脂肪转变为热能。所以,蛋白质能形成体内重要的贮存库,以使人能对外界环境变化有足够的适应性。

人体内所进行的生物化学反应大多需要酶作为催化剂,而酶的重要组成部分就是蛋白质,起调节代谢的激素、发生免疫反应的抗体的组成部分也是蛋白质。这些物质虽然最少,但对人体的生长发育、美容、美形等都是相当重要的,如甲状腺素、性激素、促生长激素等。

二、蛋白质与美容的关系

食物中的蛋白质在消化过程中被分解成氨基酸后为人体吸收。各种蛋白质内所含氨基酸的种类和数目不同,人体内组成蛋白质的氨基酸只有 20 种,而在这 20 种氨基酸中,仅有 8 种在人体内不能合成,只能从食物中摄取。这 8 种氨基酸被称为人体必需氨基酸,它们是缬氨酸、亮氨酸、异亮氨酸、苏氨酸、蛋氨酸、赖氨酸、苯丙氨酸和色氨酸。

人体新陈代谢需要蛋白质,实际上是需要由蛋白质分解成的氨基酸。所以,在饮食中摄取蛋白质或氨基酸就显得格外重要。如果蛋白质摄取不足,人体会出现生长缓慢、体重下降、贫血等现象;皮肤也会松弛、缺乏弹性,容易产生皱纹。毛发的组成是角蛋白,也是由多种氨基酸组成,同样也会出现营养不良现象,如干枯、易断、无光泽等。

另外,氨基酸及其盐类也是皮肤天然保湿因子的主要组成成分。如果蛋白质或氨基酸缺乏,使皮肤易失去水分,变得干燥,甚至开裂。

1. 根据分子形状分类

(1)纤维状蛋白质(fibrous protein)　这类蛋白质的分子形状类似细棒状纤维,根据其在水中溶解度的不同,分为可溶性纤维状蛋白质和不溶性纤维状蛋白质。如肌肉的结构蛋白和血纤维蛋白原等属于可溶性纤维状蛋白质,弹性蛋白、胶原蛋白、角蛋白和丝心蛋白等属于不溶性纤维状蛋白质。

(2)球蛋白质(globular protein)　这类蛋白质的分子类似于球状或椭圆球状,在水中溶解度较大,如血红蛋白、肌红蛋白、人体中的酶和激素蛋白等大多数蛋白质都属于球蛋白。

2. 根据功能分类

(1)活性蛋白质(active protein)　是指在生命运动中的一切有活性的蛋白质及其前体,如酶、激素蛋白、运输蛋白、运动蛋白及防御蛋白等。

(2)结构蛋白质(structural protein)　是指一大类担负生物体的保护或支持作用的蛋白质,如角蛋白、弹性蛋白和胶原蛋白等。

3. 根据化学组成和理化性质分类

(1)简单蛋白质(simple protein)　是由基本单位——氨基酸组成的,因此,其水解的最终产物是 α-氨基酸。

(2)结合蛋白质(conjugated protein)　是由简单蛋白质与非蛋白质的辅基(prosthetic group)两部分结合而成。

三、蛋白质类营养性原料

1. 超氧化物歧化酶(SOD)

超氧化物歧化酶,简称 SOD,是一种"抗氧化酶"。这种生物酶是在 1968 年由当时在美国 Duke 大学工作的麦氏(Mcord)和弗氏(Fridovich)首先发现和最先提取得到的。由于它能特异性的清除体内生成过多的致衰老因子——超氧自由基,调节体内的氧化代谢和抗衰老功能,因此也将它称之为"抗衰老酶"。SOD 广泛存在于自然界需氧生物体内,特别是在人和动物的血液细胞和组织中含量很高。迄今为止,人们已从动物、植物和微生物等各种生物体内分离到 SOD,如海藻类植物。

SOD 与大自然中 2000 多种生物酶一样,其化学本质也是蛋白质,是生物细胞的重要成分,在体内外均具有很高的生物活性和催化效应。其主要作用有:抗衰老、抗皱,并有一定减轻色素沉着的作用。科学实验已经证明,随着人的年龄增大,体内活性氧自由基增多,由于自由基的强氧化作用,使细胞老化、变性、萎缩或数量减少;使皮肤组织弹性蛋白产生交联性改变,促进弹力纤维断裂,结缔组织破坏,从而导致皮肤弹性下降。同时,超氧自由基还会使皮脂腺产生变形损伤,减少皮脂分泌量,而使滋补皮肤作用减弱。此外,大小汗腺也会遭到破坏,使汗腺分泌受阻,所以汗液与皮脂混合后形成的乳脂膜变薄,减弱了对皮肤角质层的柔软作用和保湿作用,加快了皮肤皱纹的产生。

SOD 的组成氨基酸中极性氨基酸占 30% 以上。

它有很强穿透细胞的能力。外用可使色素斑淡白,对皮肤瘙痒、痤疮、日光性皮炎等有效,与维生素和其他过氧化物酶配合使用效果更好。

有研究证明 SOD 有减轻色斑作用。SOD 化妆品对皮肤色素沉着也有较为明显的预防和减退作用。其预防作用机制,是 SOD 化妆品涂抹于皮肤表面,使皮下 SOD含量或活性显著增高,能够迅速对过剩的自由基进行清除,从而抑制或阻断它对体内不饱和脂肪酸的作用,减少了过氧化脂质和丙二醛的过多生成,从而使脂褐质素的产生受到抑制,色素沉着(粉刺色斑、黄褐斑、雀斑、老年斑等)的发生和发展也相应得到控制。

抑制粉刺作用。临床观察时还发现,SOD 化妆品对粉刺也有比较明显的疗效,特别是对初期发作的粉刺效果更加明显。其原因可能有二:其一,由于雄性激素的合成离不开自由基的介导作用,自由基过剩导致它合成与成分过多过快。由于 SOD 对自由基的清除作用,有效地控制了体内激素的分泌和排泄,减轻了其中皮脂腺的作用,减轻了皮脂的分泌和沉积,故可减轻粉刺症状。其二,由于 SOD 具有极强的抗炎作用,其作用机制为两分子的活性氧自由基在 SOD 的歧化作用下产生过氧化氢(H_2O_2),有一定的杀菌抗炎作用。此外,由于 SOD 的超氧自由基的清除作用,减少了炎性吞噬细胞的损伤,实际上提高了吞噬细胞对致病菌的杀菌作用。同时,也减少了自由基对正常皮肤组织的破坏,这不仅提高了其抗炎、抗感染和自我保护、自我修复能力,也有效地防止其病变部位的继续扩大和病情的进一步恶化,从而促进其粉刺的消失和康复。

SOD 化妆品还具有一定的防晒作用,紫外线光谱分析证明,SOD 对波长为 258 ~268nm 的紫外线有吸收作用,对波长 270 ~320nm 的紫外线也能部分吸收,故 SOD 化妆品可以阻止紫外线对皮肤组织的损伤。

SOD 是一种生物抗氧化酶。它能有效的消除人体内生成过多的致衰老因子——超氧自由基,具有延缓衰老、抗皱、去斑、除粉刺、防晒、抗癌等生物学作用和功效。

SOD 的稳定性差,高温或强酸、强碱条件下容易失活,在体内半衰期极短,只有 5 ~10min,有时对人体易引起过敏反应。为了克服 SOD 上述缺点,国内有人尝试对 SOD 进行修饰。修饰 SOD 的生物催化活性优于 SOD,且具有安全无毒无害、易透皮吸收等优点。它广泛用于食品、药品和化妆品中。

列举配方 SOD 皮肤抗衰霜如表 11 – 5 所示。

表 10 – 5 SOD 皮肤抗衰霜配方

组分	质量分数/%	组分	质量分数/%
硬脂酸	3.0	乳化剂	5.0
十八醇	2.0	凡士林	4.0
羊毛脂	8.0	氮酮	0.2
肉豆蔻酸异丙酯	3.0	SOD 提取液	35.5
三乙醇胺	2.0	香料	0.2
甘油	8.0	精制水	余量

将油相与水相分别加热到 800℃，搅拌均匀后，停止加热。冷却到 650℃ 以下，加入 SOD 提取液、香料及防腐剂，搅拌均匀即成。

2. 水解胶原蛋白

胶原蛋白是人体皮肤真皮层的主要组成部分，它具有将水分保留在真皮层的作用，并提供保持和保护，赋予皮肤弹性和强度。随着年龄的增长，肌肤中的胶原蛋白会慢慢代谢减少。皮肤中缺乏胶原蛋白，胶原纤维就会发生联固化，使细胞间黏多糖减少，皮肤便会失去柔软、弹性与光泽。

胶原蛋白经过酶水解可成为水解胶原蛋白（hydrolyzedcollagen），又称胶原蛋白肽，从而改变其物理化学性质（表面电荷、极性、疏水性等）。化妆品用的高品质水解胶原蛋白应从经过健康检疫的动物骨骼和皮肤中提取的，用食用级稀酸洗脱骨骼和皮肤中的矿物质，提纯而成的骨或皮肤胶原蛋白；根据不同的皮肤原料（牛、猪或鱼）用碱或酸处理后，采用高纯度的反渗透水，在一定温度下提取出大分子的胶原蛋白质，再通过特殊的酶水解工艺，有效剪切大分子链，最完整地保留有效的氨基酸基团，而成为分子质量在 2000 ~ 5000u 的水解胶原蛋白。生产过程通过多次过滤并去除杂质离子，达到最高级别的生物活性及纯度，并通过包括 140℃ 高温的二次灭菌过程，确保细菌含量低于 100CFU/g，并通过特殊的二次造粒喷雾干燥，形成高可溶性，可被完全消化的水解胶原蛋白粉。易溶于冷水、易被消化吸收。

胶原蛋白水解物用于化妆品，其主要功效表现为以下几方面。

（1）保湿性　由于水解胶原蛋白多肽链中含有氨基、羧基和羟基等亲水基团，故对皮肤具有很好的保湿作用。

（2）亲和性　皮肤、毛发对水解胶原蛋白有很好的吸收作用，能被皮肤吸收，有助于维持皮肤中胶原蛋白的特殊网状结构，减少皱纹产生，防止或一定程度修复皮肤损伤。

（3）去色斑作用　研究表明 10% 胶原蛋白水解物溶液，可减少 1/4 紫外线诱发的皮肤色斑发生。

（4）配伍性　水解胶原蛋白在表面活性剂的配合使用时，不会降低各自的活性，并能缓和化妆品表面活性剂对皮肤的刺激作用。

3. 蚕丝素及其水解产物

丝肽是虫丝蛋白的酶水解产物，为可溶性天然纯丝肽蛋白，可被人体吸收。能使皮肤角质层保持一定水分,透过角质层与上皮细胞结合,并被细胞吸收,参与和改善皮肤细胞的代谢,使皮肤光滑润泽,富有弹性和保湿的功效。本品为淡黄色溶液,分子质量为500~1000u,pH 5~7,在化妆品中的添加量为1%~2%。

　　4. 胎盘素及其水解产物

　　哺乳类胎生动物中,胎儿与母体之间进行物质交换的临时性器官称为胎盘或胞衣。它是母体与胎儿之间营养物质交换的场所,具有代谢、防御、免疫和内分泌的功能。现代医学表明胎盘中含多种活性成分,有促进生长、抗氧化、抗衰老和提高免疫功效等作用。

　　利用现代生物技术及酶的专一性,选择性地作用于生物大分子蛋白的某些化学键,使之降解成易于溶解和吸收的小分子形式。一般胎盘中的主要成分是蛋白质,在选择酶加工法时也一般用蛋白酶进行水解,使蛋白质分解为小分子活性肽和氨基酸。

　　有文献报道,胎盘素及其水解产物应用于化妆品主要具有以下功能:抗炎症、促进组织愈合、抗氧化、抗衰老、增加湿润感、着性。但其确切的功效目前仍存在一定的争议。

　　5. 表皮生长因子(EGF)

　　生长因子(GF)是体内存在并对机体不同细胞具有调节(促进或抑制)生长发育作用的细胞因子,也称多肽生产因子,属肽类激素。生长因子通过一些细胞的膀分体和自分泌释放扩散到靶细胞,从而协调机体自身的统一和对外界的响应。表皮生长因子(EGF)是一类重要的生长因子,最早是通过用羧甲基纤维素柱从小鼠颌下腺分离纯化生长因子时发现。

　　EGF所具有的良好的生理特性,特别是对皮肤表皮基底层细胞的激活作用,近年来被尝试运用在美容化妆品上,这种生物化妆品与传统的化妆品有着本质的不同。传统化妆品中某种意义上更多的是起修饰作用,不能从根本上解决皮肤问题。而添加了EGF的美容化妆品,则是依据人体皮肤的生理结构,在分子水平上对细胞进行修复和调整,改善或更新其组成和代谢等功能,逐步改善许多皮肤问题,如松弛衰老、皱纹、暗沉、粗糙、色素沉着、痤疮和粉刺等,从而达到保护皮肤的目的。EGF通过现代生物工程技术(基因工程技术等)制得,成本较高,且存在常温下稳定性差,对热、光极不稳定,易降解及易失活等缺点,同时EGF透皮吸收也是其产品化需要解决的问题。

第五节　维生素

　　维生素(vitamin)是人体维持健康必不可少的物质。维生素大部分不能在人体内合成,需要从食物中摄取。缺乏维生素会使正常的生理机能发生障碍,而且往往首先从皮肤、毛发等处显现出来。因此,针对缺乏各种维生素的症状,在化妆品中添加相应的维生素,达到补充和调节作用是十分必要的,下面仅介绍化妆品中添加的维生素。

　　维生素种类很多,所具有的功能也多种多样,按其溶解性质可分为两类:脂溶性维生素和水溶性维生素。

一、脂溶性维生素

脂溶性维生素主要包括维生素 A、维生素 D、维生素 E、维生素 K 等。

1. 维生素 A(vitamin A)

包括维生素 A_1 和维生素 A_2 两种异构体,维生素 A_2 的效力约为维生素 A_1 的 1/3。维生素 A 一般指维生素 A_1。

其结构式如下:

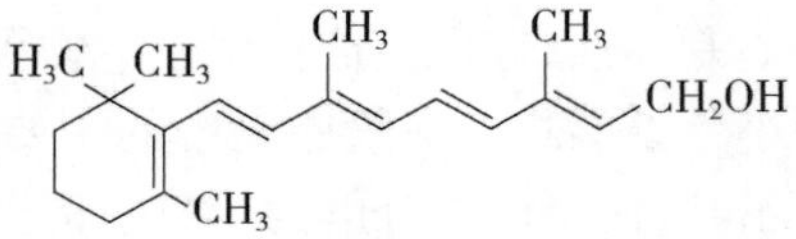

维生素 A 在常温下呈黄色油状,不溶于水,易溶于油脂,性质稳定。但在高温下易被氧化,为使其羟基稳定,多以酰化形成酯将其保护起来,如将维生素 A 乙酸酯、维生素 A 棕榈酸酯等添加于化妆品中。

维生素 A 又称表皮调理剂,缺乏时,除患夜盲症和眼干燥症外,还会出现皮肤干燥、粗糙、角质层增厚、脱屑、毛孔被小角栓堵塞等症状,严重时影响皮脂分泌,有的会出现毛发干枯、缺乏弹性、无光泽、不易梳理,指(趾)甲变脆等。富含维生素 A 的食物有绿色蔬菜、番茄、胡萝卜、橘子、杏、鱼肝或其他动物肝脏等。

2. 维生素 D(vitamin D)

包括维生素 D_2 和维生素 D_3。人体的皮肤内含有维生素 D_3 的前体 7 - 脱氢胆固醇,经日光(或紫外线)照射后,转化为维生素 D_3。酵母等含有麦角固醇,也可在紫外线照射后转变为维生素 D_2。维生素 D_2 和维生素 D_3 的作用相同,人体内维生素 D 大部分是以这样的方式获取的。

维生素 D 是无色结晶粉末,不溶于水,能溶于乙醇及油脂等,性能稳定,不易被破坏。维生素 D 除具有促进入体对钙、磷的吸收,对骨胎生长和牙齿发育有作用外,还与皮肤美容有密切的关系。缺乏维生素 D 时,皮肤易产生红斑、湿疹,甚至溃烂,毛发易脱落,出现斑秃等。

3. 维生素 E(vitamin E)

具有 α、β、γ、δ、四种异构体,其活性以 α 体最强,又称为 α 生育酚。维生素 E 对生育、脂代谢等均有较强的作用,它具有抗衰老功效,能促进皮肤血液循环和组织生长,使皮肤、毛发柔润、有光泽,并有能使细小皱纹舒展等作用。富含维生素 E 的食物有植物油、干果,尤其以花生仁中含量较高。

二、水溶性维生素

主要包括维生素 B 族、维生素 C 等。

1. 维生素 B 族(vitamin B group)

包括维生素 B_1、维生素 B_2、维生素 B_6 等。它们参与人体蛋白质、脂肪及糖代谢,可使皮肤细嫩、富有光泽和弹性等。缺乏维生素 B_1 时,人易疲劳、免疫功能下降、皮肤干燥、易产生皱纹、毛发头屑增多、易患脂溢性皮炎和维生素 B_1 缺乏病等。缺乏维生素 B_2 时,可导致皮炎、口角炎、脱发、白发及皮肤老化等,富含维生素 B_2 的食物有动物肝脏、鸡蛋、米糠及麦芽粉等。

维生素 B_6 与氨基酸代谢关系密切,可促进氨基酸的吸收和蛋白质的合成,为细胞生长提供养分。对于女性尤为重要,如有的青年女性在月经前,面部易出现粉刺,严重者还可能转化为暗疮。这是因为缺乏维生素 B_6 影响皮脂腺分泌作用,增加维生素 B_6 会对这种症状有所改善。富含维生素 B_6 的食物有酵母、粗粮、瘦肉及肝、肾等。

2. 维生素 C(vitamin C)

又称抗坏血酸(ascorbic acid),为白色结晶性粉末,无臭、味酸,见光颜色可变深,易溶于水和乙醇。水溶液不稳定,有还原性,遇空气和加热发生分解。在酸性溶液中较稳定,而在碱性溶液中易氧化失效,其结构式如下:

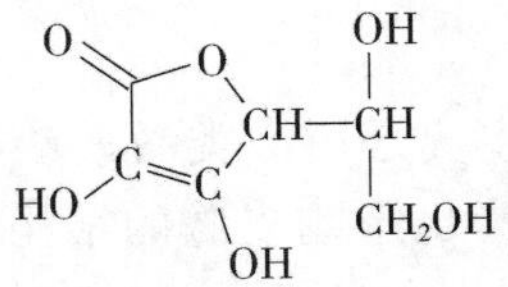

维生素 C 有增强血管弹性、提高免疫功能及减轻皮肤色素沉积的作用。其缺乏时,皮肤会出现血管变脆,撞击后易出现青或紫色及色素沉着等。新鲜蔬菜、水果含维生素 C 较多,如红枣、青辣椒、菜花、黄瓜、苹果、柠檬等。

3. 其他维生素

维生素 F 缺乏时,可使皮肤干燥,易出现血性红斑、鳞屑等症状。泛酸(pantothenic acid)缺乏时,易使皮肤产生炎症和毛发变白等。缺乏生物素(biotin),也易使皮肤产生炎症等。

三、含维生素护肤品应用实例

[例1]含维生素的护肤霜

含维生素的护肤霜配方如表 10 − 6 所示。

表 10 − 6　　　　　　　　　　含维生素的护肤霜配方

原料名称	质量分数/%	原料名称	质量分数/%
维生素 A 棕榈酸酯	10.00	Tween − 60	0.30
维生素 E	10.00	硬脂酸	2.00
芦荟提取物	40.00	对羟基苯甲酸甲酯	0.25
聚乙二醇	0.80	对羟基苯甲酸丙酯	0.10
血管扩张剂	0.50	去离子水	至 100
三乙醇胺	1.00		

第六节　激素

激素(hormone)是由人体各种内分泌腺分泌的一类具有生理活性的物质。激素可以随血液循环分布于全身,选择性地作用于一定的组织、器官,对机体的代谢、营养、生长、发育和性机能等起着重要的调节作用。人体内激素含量虽少,但作用却很大。激素分泌过多或不足都可能引起代谢及机能发生障碍。

激素是由人体自身合成的,通过体液或细胞液将它运送到特定作用部位,从而引起特殊激动反映(调节控制各种物质代谢或生理功能)的一群微量的有机化合物,因此,也可以把这类化学物质看作生物体内的"化学信息"。

激素在机体的生命活动中起着重要的作用。按其化学本质可分为以下三类。

(1)含氮激素(包括蛋白质激素、多肽激素、氨基酸衍生物激素)。

(2)甾醇类激素。

(3)脂肪酸衍生激素。

其中与皮肤关系较深的激素主要是甾醇类激素(包括雄激素、雌激素和皮质类甾醇等)。此外,蛋白质激素和多肽激素也影响皮肤的结构,增加皮肤对甾醇类激素的响应。甾醇类激素均具有甾醇类物质的化学结构。

激素的分泌量随体内外环境的改变而增减,在正常情况下,各种激素的作用是互相平衡的,但任何一种内分泌腺机能发生亢进或减退,就会破坏这种平衡,扰乱正常代谢及生理功能,从而影响机体的正常发育和健康,甚至引起死亡。激素的种类繁多,应用时必须小心的选取合适的品种和用量。若使用不当,会导致严重的副反应。

一、与化妆品有关激素的作用

激素按其化学结构分为三类,分别是含氮激素,如胰岛素、肾上腺激素、甲状腺素等;甾醇激素,主要指性激素和肾上腺皮质激素;脂肪酸衍生激素,如前列腺激素。

与调节皮肤功能有关的激素主要是性激素。性激素(sex hormone)分为雄激素和雌激素两类。它们是性腺(睾丸或卵巢)的分泌物,其作用主要是对生育功能及控制第二性征(如声音、体型等)有决定性作用,并对生长发育及全身代谢也有重要影响。

1. 雄激素(male hormone)

含 19 个碳类固醇类,C_{17} 上无侧链。具有生物活性的雄性激素的几种类固醇中,以睾酮的活性最高,其结构特征是:C_{17} 上无侧链而有 β - 羟基,C_3 上为酮基,C_4 与 C_5 之间有双键。结构式如下:

睾酮除具有雄性激素活性外,还能够促进蛋白质合成和抑制蛋白质异化,促使肌肉发达和机体组织增长等方面的作用。

2. 雌激素(female hormone)

卵巢分泌的雌激素包括两类:一类是由成熟的卵细胞产生的,称为 β - 雌二醇;另一类是中卵胞排卵后形成的黄体所产生的,称为黄体激素,如黄体酮等。

(1)黄体酮(progesterone)　又称孕二酮,为白色结晶粉末、在空气中比较稳定。其主要生理功能是抑制排卵、维持妊娠,有助于胎儿的着床发育。结构式如下:

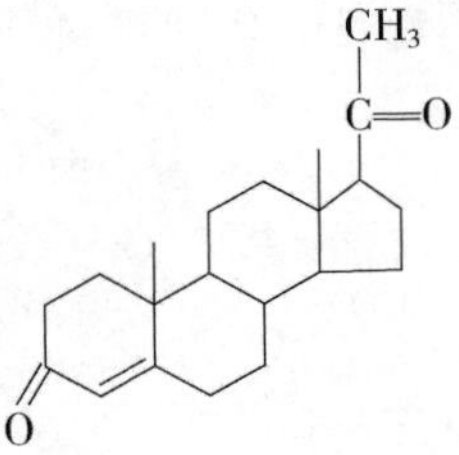

黄体酮分子中 C_3 上的酮基,C_4 和 C_5 之间的双键,是维持生物活性所必需的结构特征。

(2)β - 雌二醇(β - estradiol)　是白色结晶性粉末,无臭,在空气中稳定,几乎不溶于水,能溶于乙醇或丙酮等。其主要生理功能是促进性器官和第二性征的发育,有助于生育。此外,它还具有促进长骨及骨细胞融合,增加成骨细胞活性,促进钙、磷在骨中沉淀等作用。结构式如下:

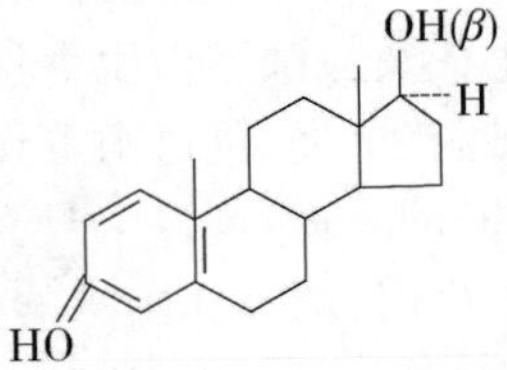

其结构特征是:A 环为苯环,含 18 个碳的类固醇,C_{10} 上无甲基,C_{17} 上连有 β - 醇羟基,C_3 上的羟基是酚羟基。

(3)肾上腺皮质激素(adrenal corticoid)　由肾上腺皮质分泌的一类激素。现已从肾上腺皮质中分离出 70 多种类固醇化合物,发现仅有 9 种能分泌到血液中发挥较强的生理活性作用,其余为合成肾上腺皮质激素的前体及中间代谢产物。

肾上腺皮质激素在结构上的特点是:都是含有 21 个碳原子的类固醇,C_3 上为酮基,$C_4 \sim C_5$ 间均为双键,C_{17} 上都连有—CO—CH_2OH 基团,C_{11} 上连有 β - 羟基或氧。其结构式举例如下:

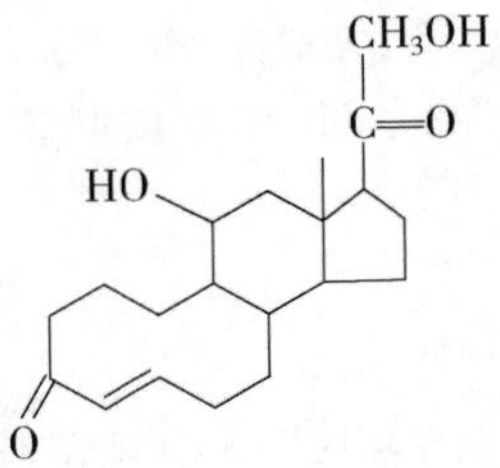

皮质酮

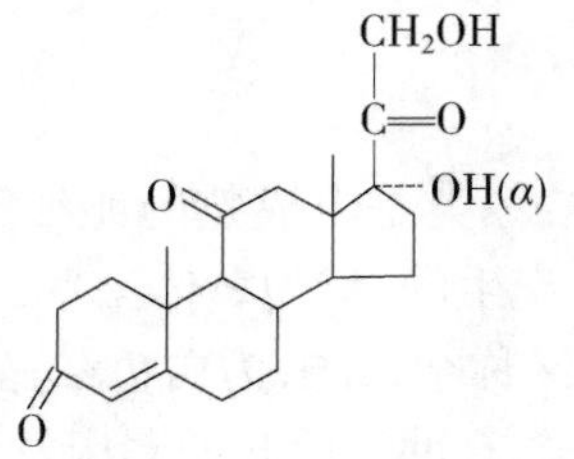

17α - 羟基—11—皮质酮(氢化可的松)

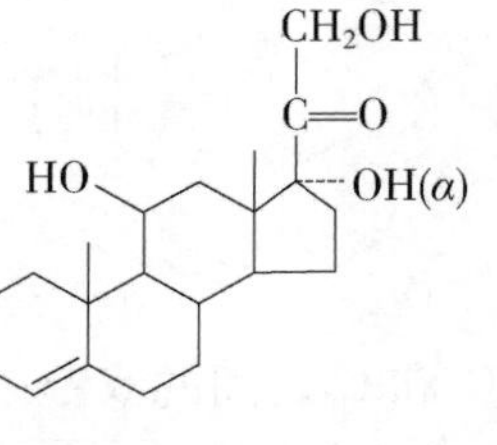

17α - 羟基皮质酮(氢化可的松)

根据肾上腺皮质激素对体内水、盐、糖和蛋白质代谢的生理作用不同,又可以分为两类。

(1)糖代谢皮质激素(glucocorticoid) 具有能抑制糖的氧化,促使蛋白质转化为糖。调节糖代谢,还能促使红细胞、血小板及粒细胞增生等作用,如皮质酮、可的松和氢化可的松等。血液中这类激素含量高时,还有抗炎、抗过敏等作用。

(2)电解质代谢皮质激素(minertalocorticoid) 具有很强的促进电解代谢的作用,能促进体内钠离子的保留和钾离子的排出,调节体内水盐代谢,维持体内电解质的平衡。其结构上的特点是 C_{11} 上连有 β - 羟基,C_{12} 上连有—CHO,如:

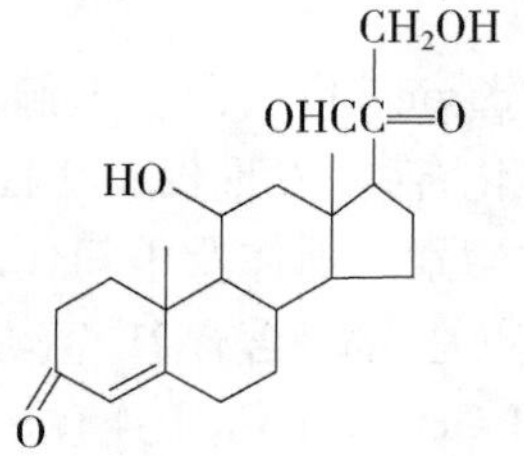

甲醛皮质酮

当人体内肾上腺皮质激素分泌不足时,出现皮肤青铜色、极度疲劳、低血压、低血糖等症状。

二、激素与美容

根据《化妆品卫生标准》(GB7916 - 1987)中规定化妆品组分中禁用的物质包括:孕激素(prsgestgens),雌激素类(estrogens)、具有雄激素效应的物质和糖皮质激素类。日本

《化妆品的品质基准》的特殊化妆品中含激素化妆品部分规定三种可使用的激素：雌三醇、雌酮和乙炔基雌三醇，并规定了限量。在国外一些化妆品厂家也不断推出一些含激素的疗效化妆品，一般都经过临床疗效试验和安全性实验。此外，不少动植物的提取液也含有激素，可以动植物提取液的形式添加到化妆品中，也显示出较好的疗效。如啤酒花具有较强的雌激素样作用，胎盘提取物也含有雌酮、雌二醇、雌三醇、孕甾酮等多种激素。

雌激素可软化组织，增强弹性，降低毛细血管脆性等，如与其他添加剂合用有增效作用，与熊果苷复配增加美白效果。雄激素对脂溢性皮炎、粉刺、油性皮肤、脱发等，用其衍生物常有效。去氢表雄酮（DHEA）是近年来的研究热点，可用来治疗皮肤干燥、皮炎及烧伤等，使用后皮肤弹力恢复，质地细腻红润，呈年轻健康外观，使用浓度为 1% 。

化妆品中的激素目前常常应用一些动植物中提取的类激素物质，并在化妆品行业中得到了认可，如丹参酮中含有雌性激素的作用，经常用于消粉刺的化妆品，关于激素在化妆品中的添加量应根据激素的种类和化妆品剂型的不同来添加。在化妆品中添加一定量的雌激素而配制的膏霜，对女性皮肤有营养作用。一般认为，敷用含 250 ~ 500IU/g 的雌激素膏霜，对女性皮肤尤其是中老年女性皮肤有使其上皮细胞再生的现象，表皮细胞层增厚，能保存较多水分，可使萎缩的皮肤恢复活力。

最近有报道认为女性随着年龄的增长，机体的激素水平在发生变化，特别是雌激素。由于卵巢功能普遍衰退，卵泡组织退化，雌激素合成与分泌减少，血液中雌激素浓度降低，身体组织及器官均处于低雌激素水平的作用之下，从而可引起皮肤老化和更年期综合征等。皮肤的老化当然不完全取决于激素，还与遗传、环境、营养、日晒等多种综合因素的影响有密切关系。但是，皮肤是激素作用重要的靶器官，其中雌激素可影响真皮结缔组织，可作用于真皮黏多糖酸（mucopoly saccharide acid），特别是透明质酸（hyaluronic acid）。实验证明，应用雌激素后透明质酸浓度可增加 7 ~ 8 倍，而且透明质酸及其蛋白质结合物的比例也发生明显变化，低分子透明质酸部分增加尤为突出，结果使皮肤含水量、保湿性等作用得到了有效改善。此外，雌激素还可使皮肤真皮组织中的重要成分胶原分解速度下降，羟基脯氨酸肽（hydroxyl praline peptide）损失减少，从而使真皮厚度增加，皮肤弹性、韧性得到改善，皱纹减少。雌激素还可引起表皮细胞增殖，提高皮肤的屏障功能及抵御外界不良因素伤害和刺激，防止表皮萎缩和日晒老化等作用。这些结果有力地说明了激素对皮肤美容有着重要的作用。

第十一章　化妆品的包装材料

化妆品作为一种时尚消费品,需要优质的包装材料以提升其身价。目前,我国市场上的日用化妆品种类繁多,运用了多种包装材料。大多数洁面产品采用塑料管状的包装,洗发产品采用塑料柱状包装,美容护肤产品则采用玻璃瓶状、塑料管状或塑料盒状包装,还有一些采用塑料袋装,牙膏类产品一般采用的都是复合材料的管状包装,以前大量使用的铝管包装已经被淘汰。在这些包装的外面一般还用纸盒再进行一次包装,香皂类产品采用纸盒或者塑料盒包装。

化妆品市场对包装的外观要求越来越高,塑料因为其坚固耐久而被广泛使用,玻璃则给人一种高贵的外观感,因此也是化妆品包装中的主选材料。玻璃的璀璨夺目非常适合于香水瓶等的包装,而塑料凭借着合理的价格和较轻的质量赢得了这场化妆品包装材料的竞争。

保护性、功能性和装饰性"三性一体"是未来化妆品包装的发展方向。和产品一样,绿色、环保的包装材料将是未来化妆品包装材料主要的选择方向。不断研制新材料和新的加工技术,追求新的造型,一直是业内在化妆品包装容器方面的开发重点。

下面各节分别介绍各种类型的包装材料。

第一节　纸及纸板包装材料

纸包装容器是使用最为广泛的包装容器之一。这一类包装容器之所以得到广泛的应用,主要是由于纸及纸板的价格低廉、成型方便、容器可回收利用、原材料来源广泛、便于印刷精美的装潢图案,展示效果好。随着环保呼声越来越高,纸包装容器已在很多场合代替了塑料容器和木材容器。在商品包装中几乎是纸质容器和塑料容器平分天下。虽然在化妆品中的应用不及玻璃、塑料、金属三种材料,但一般外包装均为纸质材料。

1. 纸盒

纸盒是纸包装中使用最多的一种结构形式。纸盒常用的材料为白板纸、盒板纸、细瓦楞板等纸板,有时橡胶印纸、铜版纸这样的纸张材料也被制成纸盒形式。

按业界常用的分类方法,纸盒可分为笆式挤叠纸盒、盘式折叠纸盒、异形纸盒和黏结纸盒(又称固定纸盒)。

2. 纸箱

在化妆品包装中纸箱包装属于运输包装。这里所讲的纸箱指的是瓦楞纸板箱。它常用于商品的外包装。

瓦楞纸板与瓦楞纸箱已经有国际标准。对于一般无纸箱设计能力的企业而言,只需按标准选择适当的纸板与箱型,将包装箱的尺寸以及需要印制的图文交给瓦楞纸箱生产企业,而纸箱的设计与印刷则由瓦楞纸箱生产企业来完成。有设计能力的企业则可以自行设计以满足特定的需要。除了标准纸箱外,各产品生产企业还根据自身的需要设计出许多非标准瓦楞纸箱。尤其是作为商品包装的小型瓦楞纸箱。更是像纸盒一样,各设计单位发挥极高的想象力,设计出了大量的形态各异,结构特殊的瓦楞纸箱。

3. 纸袋

纸袋的功能主要是为商品的流通提供方便。在实际使用中,纸袋基本上可以分为两类:购物袋和散装商品包装袋。

第二节　塑料包装材料

尽管随着环保的呼声越来越高,塑料制品受到越来越多的指责。但由于塑料制品原材料来源广泛、成本低廉、成型容易等诸多优点,塑料包装材料仍将在未来的化妆品包装材料中占据重要地位。

塑料的强度大、质量轻和不易破碎等特点一直是塑料容器的优势,不仅如此,种类繁多的塑料包装设计可在很短的时间内实现并实施于生产,这些特点使塑料在化妆品包装材料中极具竞争力。

塑料包装具有易于加工成型、具有良好的透明性和着色性、密度低、比强度高、耐化学腐蚀性、耐磨性好、具有良好的机械强度、电绝缘性能优异、易与其他材料复合、黏接等优点。但塑料耐候性一般较差、耐热性低、易燃烧、易产生静电、热膨胀系数大、尺寸稳定性差、回收有一定难度,易对环境造成污染(可降解塑料例外)。

塑料包装材料包括塑料袋、塑料箱、塑料盒、软管类、塑料托盘以及塑料瓶等。其中,用在化妆品包装材料中最多的是塑料瓶和软管类。

1. 塑料袋

塑料袋包装容器是指利用塑料薄膜制成的一类包装容器。常见的塑料袋有背心袋、购物袋、真空包装袋以及常压包装袋等。

2. 塑料瓶

塑料瓶是塑料包装中使用最多的一种容器,这完全得益于塑料本身的特性。绝大多数塑料均具有一定的透明度。有的质感与玻璃相似,热塑性塑料具有极佳的成型性,特别是其瓶形容器在制造工艺上往往比玻璃容器简单得多,而且瓶壁厚度可以达到 0.01mm;同时,塑料瓶的造型可以设计得美观多变。但塑料瓶基本上均采用吹塑成型,而瓶坯的厚度变化难以得到精确的控制。因此,瓶身直径不宜设计得多变,如葫芦状。

采用瓶装的化妆品主要是面乳类产品。面霜类产品常采用较低矮的螺旋盖大口瓶,瓶口直径大于 30mm。其瓶身材料常采用 PET、PS、PC、LDPE 或 ABS。瓶盖材料常采用 LDPE、ABS 等。而面乳类则常采用体态修长的小口瓶,瓶口直径为 10～20mm 或细口瓶,瓶口直约 2～3mm。这是考虑到这类产品的流动性较好,采用较小的瓶口是为了防止过量倒出。为了便于将瓶中的面乳挤出,瓶身则常用 LDPE 制造,如图 11－1 所示。有时,为了产生一定的透明效果,瓶身也可以采用 PP 制造。

3. 软管类

随着化妆品行业的快速发展,塑料软管以质量轻、易于携带、结实耐用、可回收、易于

图 11 - 1　塑料面乳瓶

挤取、加工性能及印刷适应性好等特点,受到众多化妆品生产企业的青睐,如图 11 - 2 所示。广泛用于洁面产品(洗面乳等)、护肤品(各种眼霜、润肤霜、营养霜、雪花膏及防晒霜等)和美容美发用品(洗发乳、护发素、唇膏等)等化妆品的包装中。

图 11 - 2　塑料软管类化妆品

目前,化妆品包装中常用的塑料软管主要包括铝塑复合软管、全塑复合软管和塑料共挤出软管。它们能够满足化妆品包装的多种需要,如卫生性、阻隔性等。

铝塑复合软管是以铝箔、塑料薄膜经过共挤复合工艺制成片材,在经过专门制管机加工成管状的一种包装容器,其典型结构为 PE/PE + EAA/AL/PE + EA/PE。铝塑复合软管主要用于包装对卫生性、阻隔性要求较高的化妆品,其阻隔层一般是铝箔,且其阻隔性取决于铝箔的针孔度。随着技术的不断提高,铝塑复合软管中铝箔阻隔层厚度已由传统的

$40\mu m$ 减少到 $12\mu m$，甚至 $9\mu m$，极大节约了资源。

全塑复合软管全部为塑料成分，分为全塑无阻隔复合软管和全塑阻隔复合软管两种。全塑无阻隔复合软管一般用于低档快速消耗化妆品的包装；阻隔层可以是含 EVOH、PVDC、氧化物镀层 PET 等的多层复合材料。全塑阻隔复合软管的典型结构为 PE/PE/EVOH/PE/PE。

塑料共挤出软管利用共挤技术将不同性能、种类的原料共挤在一起，一次成型。塑料共挤出软管分为单层基础软管和多层共挤出软管，前者主要用于对外观要求高，实际使用性能要求不高的快速消耗化妆品（如护手霜等）的包装，后者则主要用于高档化妆品的包装。

第三节　金属包装材料

金属由于其成型方便，强度、刚度均较大。制成的薄壁容器质量较轻，并可方便地印制精美的图案，因此被大量地用作包装容器制造。包装容器中的某些部件、如皇冠盖、凸耳盖等，还必须利用金属制造。

金属包装容器大致可分为桶、箱、瓶与罐、盒和托盘等。事实上，金属箔也常用作包装辅助材料。其中，应用于化妆品包装的主要是金属瓶罐。

1. 金属桶

金属桶与塑料桶相似，可以分成大型桶与小型桶。通常用作工业品的包装，而小型桶通常用作油品的包装。

2. 金属箱

金属箱是指一类全金属或部分金属加其他材料制作的箱形包装容器，这类容器可分为运输箱、专用箱和军用箱等。

3. 金属瓶罐

金属也可以制成小口大肚的瓶罐形容器。这类容器大致可以分为两种：一种是采用特殊工艺制造的瓶形容器；另一种是利用冲、拉工艺以及卷边封盖（底）工艺而制成的罐形容器。

金属瓶的制造工艺比较复杂。常用的工艺有两种：旋压成型，即首选通过冲压工艺制出与瓶身直径相同的管状毛坯，然后利用旋压工艺收小瓶口；冲压成型，即首选通过冲压工艺制出与瓶口直径相同的简状毛坯，然后利用柔性阳模冲压出瓶身。由于制造成本较高，金属瓶通常用来包装中高档商品。

金属罐是一种常用的金属包装容器，其制造工艺与金属桶相似。从结构上看，金属罐又可分为两片罐与三片罐。

金属三片罐是一种传统的金属包装容器。它由罐身、罐底和罐盖三个独立的零件组成。三片罐一般采用镀锌薄钢板（白铁皮）、镀锡薄钢板（马口铁皮）、热轧薄钢板（黑铁皮）、无锡薄钢板（冷轧钢板）以及合金铝薄板制造。其造型多为圆柱形，也常制成矩形。常见的肉类罐头即为三片罐。罐身利用一片矩形金属薄片经弯圆工艺弯成圆桶状，再将其接缝处焊接的方法制造而成；而罐头的罐盖与罐底形状基本相同。均为一片圆形或矩形的金属薄片。其上利用冲压工艺压制出一些同心环,叫做膨胀圈,用以充填时补充因热胀冷缩而造成的体积变化以及观察内装物是否腐败变质。将成型后的罐身与罐底通过卷封工艺制成一个敞口的容器。充填后再利用卷封工艺加上罐盖,从而形成了一个密封效果极佳的包装件。三片罐也可以设计成其他造型,如椭圆形、心形等。也常常制成带盖的罐子,但其制造工艺基本不变。通常仅少了一道旋盖工艺,而其罐盖则常采用冲压工艺制造。

与金属三片罐不同,金属两片罐的罐身与罐底是一个整体。从而使得这种罐子比三片罐少了两个接缝,因此,两片罐的密封性要比三片罐好得多。两片罐的罐身是利用金属片材经冲压或拉伸工艺成型的。因此,对材料的延展性有着较高的要求。目前金属两片罐多用铝合金制造,也出现了一些采用薄铜板制造的两片罐。由于制造工艺的限制,金属两片罐,特别是深拉伸两片罐基本上均为圆柱形造型。

4. 金属盒

金属盒是指一类用金属薄板制造的盒形包装容器。这种容器通常体积不太大。多为扁矩形造型。材料常用镀锌薄钢板和镀铝箔钢板,其结构有三片与两片之分。一般情况下,两片盒的深度较小。金属盒的盒盖可以是独立的,也可以通过铰链与盒身做成一体的。

金属盒的用途较为复杂。可以用来包装糖果、休闲食品、茶叶、咖啡、药品等。

由于金属盒的用途多样,加工方法各异,因此在设计时不仅要考虑其造型,更应注意其结构的合理性以及可加工性。

5. 金属软管

金属软管与塑料软管在结构与造型上基本相同,其材料多用铝及铝合金。金属软管一般采用拉拔工艺将铝材拉制成薄壁管状,其头部常为圆锥台状,密封形式常螺旋封口。

金属软管常用来包装牙膏、药膏等膏状物品。金属软管在设计时主要考虑被包装物的体积以及表面应当印刷的装饰图案。至于其本身的结构与尺寸则由软管生产厂商决定。有时,设计者可以提出对软管盖的要求或提供相应的图纸。通常,生产厂商会在金属软管内壁上涂覆聚乙烯。对于药品包装,应当特别注意涂层材料与药品的相容性,防止对药品造成污染。

6. 金属喷雾罐

喷雾罐也叫气雾罐,是一种带有喷射阀门和喷雾推进剂的气密性包装容器。由于喷雾的需要,要求罐体能够承受一定的内压力。因此,通常采用金属、塑料或玻璃等材料制造。

在19世纪以前,气雾罐仅用于包装香水。罐体基本上均采用玻璃制造,喷雾过程采用手动。而后,气雾罐基本上都采用马口铁皮以三片罐工艺制造,从而大大减轻了容器的重量。从20世纪40年代起,气雾罐开始使用合金铝材料,同时出现了两片罐和三片罐结构。

气雾罐由罐体、罐盖、按钮开关、喷嘴和导管组成。而内装物则由处于一定压力下的液态产品以及一种半液态半气态的雾化剂(推进剂)组成。同时,在产品罐装时必须在罐的上方留有一定的空间。在罐中雾化剂的作用下,罐顶空间始终充满具有一定压力的气体。当按下按钮开关打开阀门时,罐顶的压力气体迫使液态产品沿导管上升,并从阀门上的喷嘴喷出。同时,罐中液态雾化剂急剧汽化,填补喷出液体产品的空位。

由于罐中的相对压力较大,因此液态产品喷出的速度较高,从而形成了颗粒细小的雾态。

与金属拉伸罐相对应,金属喷雾罐的罐身结构有两片式和三片式。两片式是罐身与罐底为一片金属,而三片式则是由两片金属经旋压卷封成一个整体。目前市场上流行的大多为两片罐。喷雾罐的罐盖部分都做成半球形,而罐底也呈内凹的球面。这些结构形式均由于喷露罐是一种压力容器之故。在罐盖上应当根据喷嘴的形式,结构及尺寸预留喷嘴的安装孔。

7. 金属托盘

运输包装中的托盘也常采用金属制造。金属托盘常采用金属型材经焊接或铆接成型。金属托盘的优点是强度高,重量轻,使用寿命长。

第四节　玻璃与陶瓷包装材料

玻璃由于其极高的透明性及多色性,一直是人们乐于观赏的对象。玻璃的主要成分为二氧化硅(SiO_2),其来源极为广泛,玻璃又极易造型,因此被大量地用作包装容器。

一、玻璃包装材料

1. 玻璃的特点

(1)透明及各向同性　玻璃的透明度极佳。由于玻璃属于非晶体材料,呈各向同性。因此在造型时不必考虑玻璃材质的方向。

(2)耐化学性能好　玻璃本身的化学性能极为稳定。除了氢氟酸外几乎没有其他的化学物质能与它产生化学反应。作为包装材料,玻璃几乎可以包装所有的产品。

(3)阻隔性好　任何气体与水均不可能透过玻璃。因此,玻璃包装的产品不会与其他物质产生串味现象,也不易反潮。

(4)易成型　玻璃制品成型容易。既可以机器成型也可以手工成型;既可以模具成型也可以无模成型。模具成型时,可以采用拉制(又称管制)、压制、吹制等多种工艺成型。

(5)价格低廉　由于玻璃的主要原材料来源广泛,因此,玻璃制品的价格相对较低。形体不变性玻璃的硬度和刚度均较高,制成品在使用过程中不会产生变形。

(6)无气味　玻璃制品本身无臭无味,这对被包装物来讲是一个极好的性能。

(7)可重复利用　玻璃包装容器可以重复使用,其清洗也相对简单。

(8)性脆　玻璃的一个主要缺点就是比较脆,在储运甚至充填过程中容易破碎。

(9)比重大　玻璃的比重较大,且由于其性脆而不能将容器的壁厚做得太小。因此,玻璃包装容器的比重比其他材料制造的相应容器要大。

(10)能量消耗大　由于玻璃是非晶体材料,没有一个固定的熔点。因此,玻璃制品在生产过程中能量的消耗较大,这对玻璃容器的成本将产生不利的影响。

2. 玻璃容器的制造工艺

玻璃容器的制造工艺通常有两种：一种是管制法。它是利用模具将熔融的玻璃拉制成一定直径与壁厚的管材,然后根据需要将管材裁成一定长度。再利用拉、压等手段加工出容器的底与口。这种工艺通常用来制造薄壁的玻璃包装容器,如安瓿瓶等。另一种是模制法。又分为压－吹法和吹－吹法两种工艺。前者是将熔融的玻璃料滴经模压工艺制成一个中空的毛坯。然后将该毛坯置入成型模具中吹制成型。该工艺的特点是制造出的容器壁厚均匀,但工艺路线及模具均比较复杂。后者是将熔融的玻璃料滴经模具吹制成一个中空的毛坯,然后将该毛坯量入成型模具中吹制成型。该工艺的特点是制造出的容器壁厚不太均匀,但工艺及模具均较为简单。目前自动制瓶机大多采用该工艺制造玻璃瓶。

玻璃包装容器基本上均呈瓶形容器,故多采用模制法制造。

化妆品包装中较多地使用了玻璃包装容器,以提高化妆品的档次。化妆品的用户以女性为主,因此其造型变化更多。瓶子多用曲线、曲面造型,以表现女性的柔美。瓶盖形式多样,除了酒瓶中用到的螺旋盖、塞盖、磨砂盖外,还有多种带有喷射装置的瓶盖。

面霜/面乳包装所采用的材料多种多样。对于较高档的面霜/面乳则常常采用玻璃瓶进行包装,如图11－3所示即为一款高档面霜的包装。该包装的瓶体采用了钻石造型。在瓶身上设置了纵向凹进、瓶盖上也设置了斜向的凹痕,以方便打开和旋紧瓶盖。应当说明的是,高档化妆品常常采用大容器小容腔的设计。这使得整个包装看起来显得大气,但所包装的产品量却并不多。这样的设计一方面提高了产品的档次,另外也减少了产品的浪费(化妆品属于化学制品,长期存放可能造成产品的变质)。

图11－3　面霜包装

对于中档的面霜/面乳,常采用简单的圆柱形造型,如图11－4所示为一款中档面霜的包装。该包装采用圆柱形造型。其造型简约亲切,尺寸大小适当,瓶盖直径与瓶身直径相同。便于放置,这对外出旅游携带十分有利。这样的造型在化妆品包装中得到了极为广泛的应用。

图 11 - 4　圆柱形面霜瓶

　　图 11 - 5 所示为一款女士香水包装。该包装所用的玻璃采用了皇冠形的括拔盖。盖顶设置有喷射装置。实际上，这样组合的玻璃瓶盖是香水包装的典型形式。大多数香水包装均采用这样的瓶口形式，只是造型不同而已。图 11 - 5 所示是 Dior 的一款女士香水，图 11 - 6 为 Dior 的一款男士香水。它们采用的均是同样的封口形式。这样设计的好处是极大地方便了使用：使用时只需轻轻地拧开瓶盖，然后按下喷射按钮即可。同时也便于瓶盖的造型设计，例如，图 11 - 6 所示的男士香水瓶盖就设计成与瓶身尺寸相同的矩形截面，瓶子的整体造型为矩形体，充分表现出男子的阳刚气质。

图 11 - 5　Dior 女士香水

图 11 - 6　Dior 男士香水

二、陶瓷包装材料

1. 陶瓷窑器

使用陶瓷材料制作包装容器可以说是中国包装界的一大特色。利用陶土制作容器在人类历史上已经经历了相当漫长的时期。陶瓷容器实际上是一种很传统的包装容器。但自从金属、玻璃等材料广泛应用,尤其是塑料的出现,人们将目光转向了这些新材料,陶瓷材料逐渐淡出了包装界。原先使用陶瓷制作的包装军用品渐渐被玻璃、塑料所替代。而在我国,为了表现被包装物的古朴感、历史感和典雅感,依然大量地使用陶瓷包装容器。

2. 陶瓷的分类

陶瓷有多种分类方法,本节介绍几种常用的分类方法。

(1)按用途分类　陶瓷制品按用途分类可以分为工业陶瓷、艺术陶瓷和日用陶瓷。而包装用的陶瓷则属于日用陶瓷。

(2)按材料特性分类　陶瓷制品按材料的特性分类可以分为精陶器、粗陶器、炻器、半瓷器和瓷器。包装用陶瓷多为精陶器、粗陶器、炻器和瓷器。

精陶器质地致密色浅,气孔率与吸水率低,施釉或不施釉。主要用作坛、罐等容器。

粗陶器则具有表面粗糙、多孔、色深,不透明、不施釉、吸水性高(＞15％)、透气性高等特点。主要用作盆、罐、缸、瓮等容器。

炻器介于陶器和瓷器之间的一种陶瓷制品。质地致密,烧结程度高但无玻璃化,有色光。常用作砂锅、水缸和耐酸陶瓷等容器。

瓷器质地均匀致密,完全玻璃化,色白光亮、半透明,吸水率低。常用作档次高的瓷瓶等容器。

3. 陶瓷包装容器

陶瓷制品作为包装容器,其形态多为缸、坛、罐、瓶形。

(1)缸　形体下小上大,敞口器壁较厚,口缘加厚强化,内外施釉,容量较大。多用于包装酱类、酱菜、皮蛋等中国传统食品。

(2)坛及罐　坛器腹部较大、口部较小,内外施釉。有时在其颈部两侧带有耳环,方便储运;罐器较低平,容量较小。口、腹径向尺寸相近。坛罐类多用于酒类、腐乳、酱、咸菜及化学品的包装。如图 11 - 7 为一陶瓷坛子。

图 11 - 7　陶瓷包装容器

(3)瓶　瓶是一种长颈、小口的容器,其造型有壶形、腰鼓形、葫芦形等,艺术效果极强。瓶类的材质有陶质和瓷质之分。目前陶制瓶已经很少使用,瓶类陶瓷容器主要用于酒类的包装。

有时,瓷瓶出于造型的需要,也常常设计成壶形。

应当指出的是,陶瓷制品工艺复杂,废品率高。因而成本要比其他材质的容器高。所以大多用在高档商品的包装中。

参 考 文 献

［1］王艳萍,赵虎山.化妆品微生物学［M］.北京:中国轻工业出版社,2002.

［2］樊豫萍.防晒化妆品功效性评价与发展趋势［J］.香料香精化妆品,2013(4).

［3］刘仲荣,杨军,杨慧兰等.抗皮肤老化化妆品活性成分的研究进展［J］.中国美容医学,2005,14(3).

［4］程艳,祁彦,王超等.防衰老抗皱化妆品的功效评价与展望［J］.日用化学工业,2006,36(3).

［5］刘薇,陈庆生,龚盛昭等.表皮生长因子及其在化妆品中的应用研究进展［J］.日用化学品科学,2014,37(1).

［6］姬静.化妆品中防腐剂的应用和发展趋势［J］.日用化学品科学,2014,38(12).

［7］陈瑷等.自由基与衰老(第2版).［M］北京:人民卫生出版社,2011.

［8］光井武夫著.张宝旭译,毛培坤校.新化妆品学.北京:中国轻工业出版社,1996.

［9］裘炳毅.化妆品化学与工艺技术大全.北京:中国轻工业出版社,1997.

［10］肖子英编著.化妆品学.天津:天津教育出版社,1988.

［11］刘程等编著.表面活性剂应用大全.北京:北京工业大学出版社,1992.

［12］阎世翔编著.化妆品科学(上册).北京:科技文献出版社,1995.

［13］焦学瞬编.表面活性剂实用新技术.北京:中国轻工业出版社,1996.

［14］Imokawa G,Kawai M,Mishima I. Differential analysis of experimental hypermelanosis induced by UVB,PUVA and allergic contact dermatitis using a brownishg uinea pig model［J］. Arch Dermatol Res,1986,278:352.

［15］Blog FB,Szabo G. The effects of psoralen and UVA (PUVA) on epidermal melanocytes of the tail in C57BL mice［J］. J Invest Dermatol,1979,73:533.

［16］Jimbow K,Uesugi T. New melanogenesis and photobiological processes in activation and proliferation of precursor melanocytes after UV-exposare:ultrastructural differentiation of precurs or melanocytes from Langerhans cells［J］. J Invest Dermatol,1982,78:108.

［17］薛虹宇,印桂琪.防腐剂的作用及有效性评价方法概述［J］.日用化学品科学,2004,27(7):41－42.

［18］靳克林.高效液相色谱法测定化妆品中防腐剂［J］.中国卫生检验杂志,2005,15(3):317－318.

［19］王萍,丁晓静.胶束电动毛细管色谱快速测定化妆品中的防腐剂［J］.色谱,2005,23(3):315.

［20］龚盛昭.天然活性化妆品的概况和发展前景［J］.香料香精化妆品,2002,(4):16－19.

［21］李攀.天然活性化妆品发展概况［C］.广州:2004年中国化妆品学术研讨会论文集.2004:3640.

［22］刘毅.国外天然活性物在化妆品领域研发与应用新进展［J］.中国化妆品(行业版),2003,(1):74－7.

［23］赵华,广丰.保湿化妆品功效评价［J］.中国化妆品(行业),2006,(11):86－87.

［24］王正文.黑色素代谢的生理病理［J］.中国皮肤性病学杂志,1997,11(2):113－114.

［25］宋琦如,金锡鹏.皮肤美白剂的作用原理及其存在的卫生问题［J］.环境与健康杂志,2000,17(2):119－120.

［26］康琰琰,张美英,邢少璟等.几种天然活性物对黑色素细胞毒性及美白功效的比较［J］.日用化学工业,2005,35(6):361－363.

［27］周忠,王建国,周蕾等. 油溶性美白剂对酪氨酸酶抑制性能的测试方法［J］. 日用化学工业, 2003,33(5):326 – 328.

［28］徐良. 防晒,近代化妆品发展的一个永恒主题［J］. 中国化妆品,1995(3 – 4):5 – 8.

［29］徐良等. 防晒化妆品及其市场发展［J］. 日用化学品科学,1997(2):17 – 20.

［30］Gibbs,G. Sun Care. Raising the stakes［J］. SPC,1995,68(3): 27 – 33.

［31］Karen Bitz . Sun Care 99［J］. HAPPI,1999,36(3):97 – 108.

［32］CASTELO-BRANCO C,DURAN M,GONZALEZ-MERLO J. Skin collagen changes related to age and hormone replacement therapy［J］. Maturitas,1992,15(2):113 – 119.

［33］VOROS E,ROBERTC,ROBERT AM . Age-related changes of the human skin surface microrelief［J］. Gerontology,1990,36(5 – 6):276 – 285.

［34］KADUNCE DP,BURR R,GRESS R,et al . Cigarette smoking : risk factor for premature facial wrinkling［J］. Ann Intern Med,1991,114(10):840 – 844.

［35］CAO G,ALESSIO HM,CUTLER RG. Oxygen-radical absorbance capacity assay for antioxidants［J］. Free Radic Biol Med,1993,14(3):303 – 311.

［36］刘思广,赵江. 化妆品包装检测项目与检验方法［J］. 中国包装,2009,29(3):36 – 39.

［37］Sandra A B,Holly E. J,Ran et al. Production of the neurotoxin BMAA by a marine cyanobac-terium［J］. Mar Drugs,2007,5(4):180 – 196.

［38］Hougaard K S,Jackson P,Jensen K A et al. Effects of prenatal exposure to surface-coated nanosized titanium dioxide (UVTitan) ［J］. A study in mice,2010(7): 16.